本書に関するお問い合わせ

この度は小社書籍をこ購入いただき誠にありがとうございます。小社では本書の内容に関するご質問を受け付けております。本書を読み進めていただきます中でご不明な箇所がこざいましたらお問い合わせください。なお、お問い合わせに関しましては下記のガイドラインを設けております。恐れ入りますが、ご質問の際は最初に下記ガイドラインをこ確認ください。

▶ **ご質問の前に**

小社 Web サイトで「正誤表」をご確認ください。最新の正誤情報をサポートページに掲載しております。

| 本書サポートページ | https://isbn2.sbcr.jp/29113/ |

上記ページの「正誤情報」のリンクをクリックしてください。なお、正誤情報がない場合、リンクをクリックすることはできません。

▶ **質問の際の注意点**

・ご質問はメール、または郵便など、必ず文書にてお願いいたします。お電話では承っておりません。

・ご質問は本書の記述に関することのみとさせていただいております。従いまして、○○ページの○○行目というように記述箇所をはっきりお書き添えください。記述箇所が明記されていない場合、ご質問を承れないことがございます。

・小社出版物の著作権は著者に帰属いたします。従いまして、ご質問に関する回答も基本的に著者に確認の上回答いたして おります。これに伴い返信は数日ないしそれ以上かかる場合がございます。あらかじめこ・了承ください。

▶ **こ質問送付先**

ご質問については下記のいずれかの方法をご利用ください。

・**Web ページより**

上記のサポートページ内にある「お問い合わせ」をクリックすると、メールフォームが開きます。要綱に従って質問内容を記入の上、送信ボタンを押してください。

・**郵送**

郵送の場合は下記までお願いいたします。

〒 105-0001 東京都港区虎ノ門 2-2-1 SBクリエイティブ読者サポート係

本書内に記載されている会社名、商品名、製品名などは一般に各社の登録商凜または商標です。本書中では®、™ マークは明記しておりません。 本書の出版にあたっては正確な記述に努めましたが、本書の内容に基づく運用結果について、著者および SB クリエイティブ株式会社は一切の責任を負いかねますので了承ください。

©2025 Toshihiko Kusano

本書の内容は著作権法上の保護を受けています。著作権者・出版権社の文書による許諾を得ずに、本書の一部または全部を無断で複写・複製・転載 することは禁じられております。

はじめに

　私たちの日常は、スマホをはじめとしたIT（情報テクノロジー）機器に囲まれ、テレビをつければAIや量子コンピューターなど「何それ？」と思うような、さまざまなIT用語が飛び交っています。その半面、気軽に調べようと思っても、専門書は難しすぎ、ネットの情報は多すぎと、簡潔でわかりやすい情報が意外と少ないことに気がつき、結局そのままということはありませんか？

　IT用語を避けて通れない現代で、新社会人やIT業界1年目など、これからITに取り組む人、ITは難しそうで敬遠していた人、楽しみながらITを知りたい人、既にITに関わっているが自分の専門以外の用語について知りたい人に読んでもらいたいのが、このIT用語図鑑です。1用語1ページ完結型なので、興味のあるテーマの拾い読みが簡単にできます。また、各用語は読みやすさと理解しやすさを重視し、イラストで楽しみながら全体像をつかみ・3つのPOINTでザックリ中身を知り・解説でより深い理解につなげられる構成となっています。

　もう一つの特徴は、収録用語の幅広さです。ITの切り口で、私たちの社会・経済・生活に関わる純粋な技術からマーケティング由来の言葉まで、今の時代を生きるIT用語を拾い集め、第二版ではAI分野の大幅な拡充も行いました。多様なIT用語のイメージをつかめる現代技術の参考書として、さらに読者のみなさんにご活用いただけるものと思います。

　この本が、ITとともに現代を生きるみなさんのお役に立てることを願ってやみません。

本書の読み方

キャッチコピー

IT用語について一言で表現しています。端的に用語の意味を理解したい場合に便利です。

3つのPOINT

キャッチコピーより詳しくIT用語について説明しています。概要を手っ取り早く把握するのに便利です。

001　Block Chain

情報を鎖のようにつなげて安全に共有します

ブロックチェーン

POINT
- ▶ 情報の塊（ブロック）を鎖（チェーン）のようにつなげて管理する技術
- ▶ 情報の偽造や不正使用を防止するたくさんの技術が詰まっている
- ▶ 仮想通貨など、安全な情報管理が必要なサービスへの利用が期待される

従来　ブロックチェーン

解説　銀行に預けたお金は、残高や入出金の情報が厳格に管理されている必要があります。このような情報の安全な管理を、特定の組織ではなく、ネットワーク上のコンピューターが分散して行う仕組みがブロックチェーンです。元々、仮想通貨を実現する技術として開発されましたが、現在は安全性の高い情報管理方法として金融サービス以外への利用も検討されています。

[TOPIC 1]
ブロックとチェーン
例えば仮想通貨の場合、過去10分間の取引記録をブロックとし、10分ごとにそれ以前の情報に連結（チェーン）します。この際、1つ前のブロックの情報からハッシュ値（情報の改ざんを防ぐ特殊な値）を計算し、次に連結するブロックに埋め込みます。

[TOPIC 2]
マイニング
ハッシュ値を計算する際には、毎回異なるナンス値（Number Used Once）が使われ、特定の条件を満たすナンス値を見つけるのに大量の計算作業が必要となります。これを仮想通貨ではマイニング（採掘）と呼び、この計算作業が情報の安全性を担保しています。

関連用語 ▶▶ 仮想通貨（暗号通貨）→ p.022

関連用語

このページで説明しているIT用語に関連する用語です。ページも記載されているのですぐに参照できます。

略語の正式名称または英訳

小難しい略語も正式名称を知ると簡単に理解できることがあります。

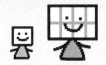

002

Virtual currency (Cryptocurrency)

ネットの中だけで取引できるお金
仮想通貨（暗号通貨）

POINT
- ▶ 電子情報としてのみ存在する通貨
- ▶ 国家や中央銀行が発行した法定通貨ではない
- ▶ 財産的価値が大きく変動する可能性がある

項目名

そのページで説明するIT用語の名前です。1用語に限らず、2つ以上のこともあります。

イラスト

文章ではなくイラストで、IT用語を直感的に理解できます。

解説　コンピューター内の電子情報としてのみ存在する、暗号化された通貨です。公的には暗号資産（▶1）と呼ばれます。仮想通貨には、国が価値を保証する紙幣や硬貨などの実体通貨も、通貨の発行数や流通量を管理する中央銀行も存在しません。仮想通貨の価値は、それを売買する人たちの需要と供給の関係で変動し、変動幅も大きいため、投機の対象にもなっています。

[TOPIC 1]
暗号資産

仮想通貨は、取引情報の安全な共有に暗号理論を用いることから、暗号通貨とも呼ばれます。また、各国の中央銀行が発行する「通貨」ではないため資産と扱われ、世界的には暗号資産と呼ばれます。日本の金融庁も、2020年から暗号資産と呼んでいます。

[TOPIC 2]
仮想通貨の種類

管理者がいない仮想通貨は、日本円や米ドルなど国が担保する法定通貨と違い、誰でも発行できます。その種類は、ビットコイン、アルトコイン、イーサリアム、リップル、ライトコインなどを含め全体で約2,300以上あり、さらに増え続けています。

TOPIC1、2

IT用語についてより深く知りたいときに読むと役立ちます。

関連用語 ▶▶ ブロックチェーン → p.021

解説

簡潔な文章でIT用語を説明しています。基本をおさえるのにとても便利です。

Contents

巻頭シート「IT用語早わかりQ&A」「略語早見表」
はじめに 003
本書の読み方 004

第1章「現代」
現代がわかるIT用語 ... 015

001	ブロックチェーン	016
002	仮想通貨（暗号通貨）	017
003	フィンテック	018
004	5G	019
005	DX	020
006	CDO	021
007	RPA	022
008	シェアリング・エコノミー	023
009	MOOCs	024
010	STEM教育（STEAM教育）	025
011	オンライン授業	026
012	プログラミング教育（義務教育）	027
013	MaaS	028
014	自動運転	029
015	eスポーツ	030
016	YouTubeとVTuber	031
017	ストリーマー、インフルエンサー	032
018	サブスクリプション	033
019	GAFA、GAFAM	034
020	BAT	035
021	量子コンピューター	036
022	VRChat	037
023	メタバース	038
024	インディーゲーム	039
025	スマートグラス、ARゴーグル、VRゴーグル	040
026	インプレゾンビ	041
027	ショート動画	042
028	Ultra Wide Band：超広帯域無線通信	043
column	「今」のIT用語を知っていくには？	044

第2章「ニュース」
ニュースを読むためのIT用語

045

029	VR（仮想現実）	046
030	AR（拡張現実）	047
031	MR（複合現実）	048
032	ICT	049
033	グリーンIT	050
034	ライドシェア	051
035	LiDAR	052
036	ドライブレコーダー	053
037	GPS	054
038	クラウドファンディング	055
039	インターネットバンキング	056
040	ソーシャルレンディング	057
041	ゲーミフィケーション	058
042	アグリテック（スマート農業）	059
043	ドローン	060
044	HRテック	061
045	ヘルステック（医療テック）	062
046	教育テック（EdTech）	063
047	アダプティブ・ラーニング（適応学習）	064
048	オープン・エデュケーション	065
049	デジタルディバイド	066
050	オンデマンド	067
051	B2B、B2C、C2B、C2C	068
052	オープンイノベーション	069
053	CIO	070
054	SCM	071
055	BPRとBPM	072

第3章「基本」
コンピューターがわかる基本用語

073

056	CPU	074
057	クロックとコア	075
058	集中処理と分散処理	076
059	ムーアの法則	077

060	入力と出力	078
061	キャッシュ	079
062	スタックとキュー	080
063	バッファとスプール	081
064	リソース	082
065	プロセス	083
066	タスク	084
067	BIOS と UEFI	085
068	OS とアプリケーションソフトウェア	086
069	Android と iOS	087
070	ファイルとディレクトリ	088
071	レジストリ	089
072	バックアップ	090
073	記憶装置	091
074	RAM と ROM	092
075	HDD と SSD	093
076	RAID	094
077	NAS	095
078	USB	096
079	ピクセル	097
080	RGB	098
081	HDMI	099
082	液晶と有機 EL	100

第 4 章「実務」
実務で役立つIT用語

101

083	ビットとバイト	102
084	2 進数	103
085	10 進数と 16 進数	104
086	集合と論理演算	105
087	アルゴリズム	106
088	ライブラリ	107
089	コンパイラとインタプリタ	108
090	コマンドプロンプト	109
091	ファームウェア	110
092	オープンソース・ソフトウェア	111
093	プログラミング言語	112
094	スクリプト	113
095	マクロ	114

096	プラグイン、アドイン、アドオン	115
097	API	116
098	オブジェクト指向	117
099	バグとデバッグ	118
100	データベース	119
101	トランザクションデータ	120
102	オフショア	121
103	アウトソーシング	122
104	テスト自動化	123
105	Git と GitHub	124
106	リポジトリ	125
107	リファクタリング	126
108	アジャイル（アジャイル開発）	127
109	スクラム	128
110	DevOps	129
111	ログ	130
112	フォールトトレランス	131
113	可用性	132
114	PoC（概念実証）	133
115	ウェアラブル	134
116	3D プリンター	135
117	RFID	136

第 5 章 「サービス」 137
インターネットのサービスがわかる基本用語

118	クラウド	138
119	サーバーの仮想化	139
120	オンプレミス	140
121	オンラインストレージ	141
122	データセンター	142
123	AWS	143
124	Microsoft Azure	144
125	SaaS、PaaS、IaaS、DaaS	145
126	エッジコンピューティング	146
127	IoT	147
128	M2M	148
129	スマートシティ	149
130	ネットワークカメラと Web カメラ	150
131	SNS	151

132	TikTok	152
133	SMS と MMS	153
134	グループウェア	154
135	RSS	155
136	ストリーミング	156
137	SIM ロックと SIM フリー	157
138	MVNO	158

第 6 章 「ビジネス」

ビジネスと EC を知る IT 用語

159

139	ファシリティ・マネジメント	160
140	プロジェクトマネジメント	161
141	プロダクトマネジメント	162
142	プロダクトオーナー	163
143	デザイン思考	164
144	ブレインストーミング	165
145	PDCA	166
146	コーポレートガバナンス	167
147	EDI	168
148	GDPR	169
149	キッティング	170
150	クライアント / サーバーシステム（C/S システム）	171
151	オープンシステム	172
152	シンクライアント	173
153	リモートアクセス	174
154	デスクトップ仮想化	175
155	データウェアハウス	176
156	BI	177
157	データマイニング	178
158	シャドー IT	179
159	EC	180
160	CMS と WordPress	181
161	SEO	182
162	CTR	183
163	A/B テスト	184
164	PV と LPO と CVR	185
165	UI と UX	186
166	ストーリーボード（UX デザイン）	187
167	ユニバーサルデザインと Web アクセシビリティ	188

168	クリエイティブ・コモンズ	189
169	オウンドメディア	190
170	オムニチャネル	191
column	仕事に生かせる国家試験！ IT パスポート試験	192

第 7 章 「AI」
AI の最新技術がわかる IT 用語

193

171	人工知能（AI）	194
172	機械学習	195
173	ディープラーニング（深層学習）	196
174	シンギュラリティ	197
175	データサイエンティスト	198
176	ビッグデータ	199
177	自然言語処理（NLP）	200
178	LLM（大規模言語モデル）	201
179	ディープフェイク	202
180	生成 AI（ジェネレーティブ AI）	203
181	説明可能な AI	204
182	AI 倫理、AI 社会原則、信頼される AI	205
183	マルチモーダル AI	206
184	ファインチューニング、転移学習	207
185	プロンプトエンジニアリング	208
186	ハルシネーション	209
187	AI 拡張型開発	210
188	アノテーション	211
189	Diffusion model（拡散モデル）	212
190	Stable diffusion、Midjourney、Adobe Firefly（画像生成 AI）	213
191	Sora（動画生成 AI）	214
192	セマンティック検索	215
193	Chat GPT、Microsoft Copilot	216
194	Amazon Bedrock	217
column	職場で役立つ！ IT 業界用語	218

第 8 章 「インターネット」
インターネットの技術がわかるIT用語

219

| 195 | セッション | 220 |

196	ベストエフォート	221
197	アプライアンス	222
198	ホームルーターと Wi-Fi ルーター	223
199	ハブとスイッチとルーター	224
200	デフォルトゲートウェイ	225
201	無線 LAN と Wi-Fi	226
202	WEP、WPA、WPA2、WPA3	227
203	WPS と Easy Connect	228
204	SSID	229
205	インターネットとイントラネット	230
206	LAN と WAN	231
207	CDN	232
208	トラフィック	233
209	NFV（ネットワーク仮想化）	234
210	VLAN	235
211	プロトコル	236
212	TCP と UDP	237
213	IP	238
214	IP アドレスとポート番号と MAC アドレス	239
215	ドメイン名と DNS	240
216	URL	241
217	IPv6	242
218	VoIP	243
219	SMTP と POP と IMAP	244
220	To と Cc と Bcc	245
221	WWW と HTTP と HTTPS	246
222	HTML と XML と CSS	247
223	cookie（HTTP cookie）	248
224	OGP	249
225	P2P	250
226	クローラー	251
227	ボット	252

第 9 章 「セキュリティ」
セキュリティの IT 用語

253

228	セキュリティマネジメント	254
229	DLP	255
230	二要素認証と二段階認証	256

231	ワンタイムパスワードとシングルサインオン	257
232	ファイアウォール	258
233	DMZ（非武装地帯）	259
234	SSL/TLS	260
235	共通鍵暗号方式と公開鍵暗号方式	261
236	認証局と電子証明書	262
237	セキュリティホール	263
238	ウイルス対策	264
239	生体認証	265
240	セキュリティ診断サービス	266
241	ディザスターリカバリー	267
242	電子署名	268
243	電子認証	269
244	特権ID管理	270
245	ハッカーとホワイトハッカー	271
246	セキュリティ	272
247	サイバー攻撃	273
248	脆弱性	274
249	不正アクセス	275
250	IDS（不正侵入検知）、IPS（不正侵入防御）	276
251	サイバーレジリエンス	277
252	クラッキングとソーシャル・エンジニアリング	278
253	マルウェア	279
254	RAT（遠隔操作ツール）	280
255	フィッシング	281
256	SPAM	282
257	DoS攻撃とDDoS攻撃	283
258	クロスサイト・スクリプティング	284
259	インジェクション攻撃	285
260	踏み台攻撃とトロイの木馬	286
261	ゼロデイ攻撃	287
262	標的型攻撃（ビジネスメール詐欺）	288
263	リスト型攻撃	289
264	ワンクリック詐欺	290
265	サイトブロッキング	291
266	ランサムウェア	292
267	リバース・エンジニアリング	293
268	ゼロトラスト	294

第10章 「企業と人物」
ITを支えてきた企業と人物

295

269	Google	296
270	Amazon	297
271	Apple	298
272	Meta（旧 Facebook）	299
273	Tesla	300
274	Microsoft	301
275	X	302
276	OpenAI	303
277	Uber	304
278	Alibaba（阿里巴巴集団）	305
279	Baidu（百度）	306
280	Tencent（腾讯）	307
281	NVIDIA	308
282	IBM	309
283	Oracle	310
284	Intel	311
285	ビル・ゲイツ	312
286	スティーブ・ジョブズ	313
287	ジェフ・ベゾス	314
288	マーク・ザッカーバーグ	315
289	セルゲイ・ブリン	316
290	ラリー・ペイジ	317
291	フォン・ノイマン	318
292	アラン・チューリング	319
293	ゴードン・ムーア	320
294	アラン・ケイ	321
295	ティム・バーナーズ・リー	322
296	ヴィントン・サーフ	323
297	イーロン・マスク	324
298	リーナス・トーバルズ	325
299	サム・アルトマン	326
300	池田敏雄	327

おわりに	328
索引	329

第 1 章

現代

現代がわかる
IT用語

001

Block Chain

情報を鎖のようにつなげて安全に共有します
ブロックチェーン

POINT
- ▶ 情報の塊（ブロック）を鎖（チェーン）のようにつなげて管理する技術
- ▶ 情報の偽造や不正使用を防止するたくさんの技術が詰まっている
- ▶ 仮想通貨など、安全な情報管理が必要なサービスへの利用が期待される

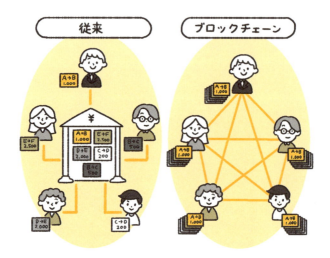

解説 銀行に預けたお金は、残高や入出金の情報が厳格に管理されている必要があります。このような情報の安全な管理を、特定の組織ではなく、ネットワーク上のコンピューターが分散して行う仕組みがブロックチェーンです。元々、仮想通貨を実現する技術として開発されましたが、現在は安全性の高い情報管理方法として金融サービス以外への利用も検討されています。

[TOPIC 1]
ブロックとチェーン

例えば仮想通貨の場合、過去10分間の取引記録をブロックとし、10分ごとにそれ以前の情報に連結（チェーン）します。この際、1つ前のブロックの情報からハッシュ値（情報の改ざんを防ぐ特殊な値）を計算し、次に連結するブロックに埋め込みます。

[TOPIC 2]
マイニング

ハッシュ値を計算する際には、毎回異なるナンス値（Number Used Once）が使われ、特定の条件を満たすナンス値を見つけるのに大量の計算作業が必要となります。これを仮想通貨ではマイニング（採掘）と呼び、この計算作業が情報の安全性を担保しています。

関連用語 ▶▶ 仮想通貨（暗号通貨）→ p.017

002

Virtual currency (Cryptocurrency)

ネットの中だけで取引できるお金
仮想通貨（暗号通貨）

POINT
- ▶ 電子情報としてのみ存在する通貨
- ▶ 国家や中央銀行が発行した法定通貨ではない
- ▶ 財産的価値が大きく変動する可能性がある

第1章 現代

解説 コンピューター内の電子情報としてのみ存在する、暗号化された通貨です。公的には暗号資産（▶1）と呼ばれます。仮想通貨には、国が価値を保証する紙幣や硬貨などの実体通貨も、通貨の発行数や流通量を管理する中央銀行も存在しません。仮想通貨の価値は、それを売買する人たちの需要と供給の関係で変動し、変動幅も大きいため、投機の対象にもなっています。

[TOPIC 1]
暗号資産

仮想通貨は、取引情報の安全な共有に暗号理論を用いることから、暗号通貨とも呼ばれます。また、各国の中央銀行が発行する「通貨」ではないため資産と扱われ、世界的には暗号資産と呼ばれます。日本の金融庁も、2020年から暗号資産と呼んでいます。

[TOPIC 2]
仮想通貨の種類

管理者がいない仮想通貨は、日本円や米ドルなど国が担保する法定通貨と違い、誰でも発行できます。その種類は、ビットコイン、アルトコイン、イーサリアム、リップル、ライトコインなどを含め全体で約2,300以上あり、さらに増え続けています。

関連用語 ▶▶ ブロックチェーン → p.016

017

003

FinTech (Finance + Technology)

IT技術が生む革新的な金融サービス
フィンテック

POINT
- ▶ 金融（Finance）と技術（Technology）を組み合わせた造語
- ▶ IT技術が生んだ、従来にない金融サービスの意味で使われることが多い
- ▶ フィンテックには金融機関だけでなく多くのIT企業が参入している

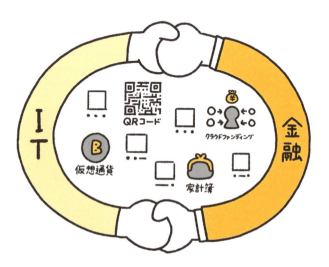

解説 仮想通貨、クラウドファンディング、ソーシャルレンディング、ロボアドバイザーなど、IT技術を活用した幅広い金融サービスを意味します。フィンテックには、IT技術により従来の金融業の枠を取り払う役割（▶1）が期待されています。金融機関だけでなく、大手IT企業からITベンチャーまで、フィンテックの分野に積極的に参入しています。

[TOPIC 1]
ITの役割
従来は人が人に提供していた金融サービスを、インターネットとコンピューターによるIT技術に置き換えたことで、大きな効率化を実現しました。さらに仮想通貨や電子決済などの、新たな金融サービスを誕生させる役割を果たしています。

[TOPIC 2]
フィンテックの推進に必要な技術
フィンテック推進のため、金融機関が持つ情報にアクセスする仕組み（API）のオープン化が議論されています。オープン化により、電子送金や家計簿アプリと口座の連携など、利便性向上が期待できます。また、堅牢なセキュリティ対策も求められます。

関連用語 ▶▶ 仮想通貨（暗号通貨）→ p.017、クラウドファンディング → p.055、API → p.116、ソーシャルレンディング → p.057、インターネットとイントラネット → p.230

004

Fifth Generation Wireless

携帯電話の期待の5代目
5G(ファイブジー)

POINT
- ▶ 第5世代と呼ぶこれからの無線通信技術
- ▶ 大容量のデータを短時間で送受信できる
- ▶ 既存の4Gの周波数帯を使う「なんちゃって5G」もある

第1章 現代

解説 携帯電話に使われる無線技術は、世代交代（▶1）しながら進化してきましたが、5Gはその第5世代という意味です。5Gの特徴には、大容量のデータを短時間で送受信できる、リアルタイムの情報を少ない遅延で送受信できる、新幹線などの高速での移動中も安定して無線を利用できる、などがあります。これからの高速無線通信技術として期待されています。

[TOPIC 1]

世代交代

無線技術に世代番号を付けて呼ぶようになったのは、第3世代（3G）からです。現在広く使われているLTEは、元々はほぼ第4世代という意味で3.9Gとも呼ばれました。結局LTEは4Gに昇格し、その次の技術が5Gとなりました。

[TOPIC 2]

5Gの周波数帯

5Gの高速通信には、Sub6（3.7/4.5GHz）、ミリ波（28GHz）の新しい周波数帯が必要ですが、エリア拡大のため既存4G周波数も転用しています。4G転用帯は通信速度に制約はありますが、通信距離が長い、既存の通信設備を利用できるなどの利点があります。

関連用語 ▶▶ エッジコンピューティング → p.146

005

Digital Transformation

デジタルによる経営の変革
DX
ディーエックス

POINT
- ▶ デジタル・トランスフォーメーションの略語（Trans を X と略す）
- ▶ IT を活用してビジネスモデルと企業文化を変革し、競争力を高める
- ▶ 国内では、IT 化を妨げていた企業自身の変革という意味もある

解説 　DXとは、経産省が発行した「DX推進ガイドライン」の定義を要約すると、ITを活用してビジネスモデルと企業文化を変革し、競争上の優位性を確立することです（▶1）。当初のDXは、デジタル化の進展が社会全体や私たちの生活を発展させるという意味でした（▶2）。企業視点では、企業自身がデジタル情報を一層活用したビジネスを推進する意味で使われます。

[TOPIC 1]

DX の成功例としての Uber

既存のタクシーのサービスは、出発地と到着地を自由に選べる移動の提供でした。Uberはデジタル技術を使い、ドライバーと利用者をマッチングさせることで、タクシーと同じサービスをまったく異なるビジネスに作り変えた、DX の代表的な成功例です。

[TOPIC 2]

DX の提唱者

2004 年にスウェーデンのストルターマン教授が、「IT と GOOD LIFE」という論文で提唱しました。「IT 技術が私たちの生活をあらゆる面でより良い方向に変化させる」と訴え、その概念をデジタル・トランスフォーメーションと名づけたのが DX の始まりです。

関連用語 ▶▶ CDO → p.021、Uber → p.304

006

Chief Digital Officer

明日のビジネスを作る IT の責任者
CDO
シーディーオー

POINT
- ▶ チーフ・デジタル・オフィサー（最高デジタル責任者）の略語
- ▶ IT を最大限に活用してビジネスの成長を実現する責任者
- ▶ CDO には、新たなビジネスモデルの立案・実行が求められる

第1章 現代

解説 最高デジタル責任者という役職の名前です。CDOの役割は、デジタル技術を活用した、企業活動の全般にわたる柔軟かつ顧客満足度を向上させる新たなビジネスモデルを、立案し実行することです。ITを最大限に活用してビジネスの成長を実現する責任者であり、最新のデジタル技術に精通していることが求められます。いわば、明日のビジネスを作るITの責任者です。

[TOPIC 1]
CDO の仕事
モバイルやWebなど、あらゆるIT技術を視野に入れ、全社的なデジタル技術の活用を推進する業務を担当します。デジタル（Digital）のDを役職名に入れることで、企業の経営層が、社員に対してデジタル化の重要性を意思表示するものと捉えられています。

[TOPIC 2]
DX と CDO
CDOはDXの責任者ともいわれますが、CDO職を置いている企業は、実際にはそれほど多くないようです。DXの業務をCIOや他の幹部が担当する例もありますが、逆にDXの業務をきちんと定義できていないためにそうなっているともいわれます。

関連用語 ▶▶ DX → p.020、CIO → p.070

007

Robotic Process Automation

社員の代わりに仕事する見えないロボット
RPA
アールピーエー

[POINT]
- ▶ ソフトウェアによる、業務処理の自動化のこと
- ▶ RPA専用のツールで業務の手順をプログラミングする
- ▶ Roboticといっても人型ロボットを使うわけではない

解説 ソフトウェアによる、業務処理の自動化のことです。今日では市販の経理ソフトによる経理処理は当たり前ですが、そのソフトへのデータ入力や結果を利用するための変換などは、企業独自の手順や人手の必要な作業が残っていたりします。RPAは、そのような作業までを含めた処理全体を、RPA独自のプログラミング（▶1）によりソフトウェア化し、自動化します。

[TOPIC 1]
RPAのプログラミング
一般に、プログラミングは英数字で表記されますが、RPAではさまざまな処理を表す部品（図形）を組み合わせて業務の手順を表現する、ビジュアルなプログラミングが普及しています。部品を並べることで直感的にプログラミングできる利点があります。

[TOPIC 2]
なぜ「ロボティック」か
RPAのRはロボティック（ロボットのような、の意味）のRですが、コンピューターの中で業務処理をするソフトウェアをロボットに見立てて、こう呼ぶようになりました。人間の代わりに人型ロボットが机に座って仕事をするわけではありません。

関連用語 ▶▶ なし

008 Sharing Economy

ネットを使って、誰とでも貸し借りします
シェアリング・エコノミー

POINT
- ▶ 個人や組織が所有する物やスキルなどを他者と売買・貸し借りする
- ▶ インターネットを介して広範な人々と多種多量な物品のシェアが可能
- ▶ 車相乗りの Uber や個人間売買のメルカリなどが有名

解説 個人や組織が所有する物やスキルなどの有形無形の資産を、特にインターネットを介して、売買や貸し借りにより他者と共同利用することです。車相乗りのUberや、個人間売買のメルカリなどが代表例です。シェアする対象には、部屋・物・車・スキル・資金などがあり（▶1）、分野ごとの事業者が、売り手と買い手・貸し手と借り手のマッチングを行っています。

[TOPIC 1]
物以外のシェア

物のシェア以外に、スキル、時間、空間などのシェアも広まっています。また、車相乗り（ライドシェア）は車のシェアと同時に、運転できない人にとっては運転スキルのシェアであり、訪問調理は調理スキルと調理時間のシェアという見方もできます。

[TOPIC 2]
レンタルとの違い

物の共同利用という点で、レンタルもシェアリング・エコノミーの一種です。しかし、レンタルでは貸し出す業者と借りるユーザーという固定した関係なのに対し、シェアリング・エコノミーでは個人や組織が貸し手と借り手の両方の役割を持ちます。

関連用語 ▶▶ ライドシェア → p.051、Uber → p.304

009 Massive Open Online Courses

インターネットで受ける公開市民講座
MOOCs
ムークス

POINT
- ▶ オンラインで行う大学や企業による公開授業
- ▶ オープン・エデュケーションとオンライン授業をミックスした形態
- ▶ 講義を受けるには MOOCs の Web サイト上で事前に登録する

解説 大規模な公開オンライン講義のことです。一般的にはWebサービスを利用し、双方向通信によるインタラクティブ形式で行います。大学や企業がMOOCsのWebサイト上に開講する講座を掲示し、受講者は受けたい講座をオンラインで登録したうえで、MOOCsのサイトで講義を視聴します。初期のMOOCsは、テレビを利用した放送大学のような、教える側からの片方向の講義形式でした。

[TOPIC 1]
MOOCs の Web サイトの役割
MOOCs の Web サイトの役割は、講座を開きたい人と受けたい人の仲介です。講座の登録、受講者の募集と登録、講座やテストの配信、受講者間の掲示板の運営などの機能があります。講座を開講する前には講座の内容を審査し、教育の質の確保も担っています。

[TOPIC 2]
MOOCs の授業
一般的には、大学教授や専門家が講師となり、1～2カ月位の期間に、毎週5～10本程度の講義を視聴します。視聴以外に、予習や課題の提出が必要です。成績が基準を満たすと終了証が授与され、大学での単位や、スキルの証明になる講座もあります。

関連用語 ▶▶ オープン・エデュケーション → p.069、オンライン授業 → p.026

Science, Technology, Engineering, (Arts) and Mathematics

010 理系科目の地頭をきたえる教育
STEM教育（STEAM教育）

POINT
- ▶ 科学・技術・工学・数学＋芸術を重視した教育のこと
- ▶ クリティカルシンキングのような解決力・創造性が求められる
- ▶ コンピューター教育を融合したSTEMの拡張も検討されている

解説 STEMは、科学・技術・工学・数学を重視した教育のことです。STEAMは、これに芸術（アート）を足します（▶1）。STEMが重視するのは、理数科目の基礎と、これらの分野を総合した問題解決力や創造性、チームワークと個人の思考力の育成などです。学年に応じ、レゴでのロボット作りから地球温暖化の解決策など課題の幅も広く、生徒はプロジェクト形式で取り組みます。

[TOPIC 1]
STEAMのアートの意味
ここでのアートは、歴史・社会・地理・文学・音楽・デザインなどの幅広い「教養」の意味です。アートとSTEMを組み合わせた教育は、創造力の育成や全般的な学力の向上など、より高度な意思決定力を育成する効果があるといわれます。

[TOPIC 2]
STEM＋コンピューティング
STEMの本質は問題解決力の育成で、コンピューター教育ではありませんが、ITと関連が強いのも事実です。STEMを提唱したアメリカ国立科学財団（NSF）は、STEM＋コンピューティングのテーマで、この2つを融合した教育プログラムを検討しています。

関連用語 ▶▶ プログラミング教育（義務教育） → p.027

011

Online Teaching and Learning

自宅にいながら授業を受ける
オンライン授業

POINT
- ▶ インターネットを利用した通信型の授業のこと
- ▶ 生徒と教師全員が違う場所にいて授業を受けることができる
- ▶ コロナによる休校が相次ぎオンライン授業の実施が急きょ始まった

解説 教師と生徒が違う場所にいて、双方向の通信を介して授業を行い・参加することです。2つ以上のクラス間を通信でつなぐなど、さらに幅広い意味でも使います（▶1）。教師と生徒が同じ場所にいる必要がないので、さまざまな理由で通学できない生徒も授業を受けられます。海外にいる先生の授業を受けることや、海外のクラスと合同で授業を行うことも可能です。

[TOPIC 1]
いろいろな授業形態

教師と生徒が異なる場所で行う形態以外に、教師と生徒が一緒にいるクラスを複数結んで授業を行う合同授業型、遠隔地にいる専門家が授業を支援する教師支援型、特定の教科の教員が足りない他校を遠隔で教える教科・科目充実型などがあります。

[TOPIC 2]
新型コロナと GIGA スクール

新型コロナによる一斉休校により、「何もしないかオンライン授業か」という状況になり、オンライン授業への取り組みが急きょ始まりました。成果と同時に IT 環境の課題もわかり、文科省も学校教育 IT 化を進める GIGA スクールの前倒しを決定しました。

関連用語 ▶▶ 教育テック（EdTech） → p.063、インターネットとイントラネット → p.230

012

Computer Programming Education

プログラミングのように問題の解き方を考える教育
プログラミング教育（義務教育）

POINT
- ▶ 小学校では2020年度から、中学校では2021年度から必修化された
- ▶ 小学校ではプログラミング的な考え方を学習する
- ▶ 中学校ではプログラミング言語やIT知識を学習する

第1章 現代

解説　2020年度からは小学校で「プログラミング的な考え方」の育成が、2021年度からは中学校で情報の技術としてのプログラミング教育が必修となりました（▶1）。プログラミング的な考え方とは、目的を実現するために、どのような動きが必要かを決め、構成する一つ一つの部品同士の正しい組み合わせを考えることです。社会でのプログラミング活用も学びます。

[TOPIC 1]
小学校と中学校の違い
小学校では、算数や理科の教科学習の中でプログラミング的な考え方を学びますが、中学校では「技術・家庭」の中の「情報の技術」として、プログラミングやIT知識の基礎と、情報技術による生活や社会問題の解決について学習します。

[TOPIC 2]
小学校での学習内容と活動の分類
教育指導要領ではプログラミング教育の内容を教科や学年ごとの指針で示しています。学習活動は、算数や理科などの教科の中での学習、教科とは別に各学校の創意工夫による学習、クラブ活動など特定の児童を対象とする学習、などが示されています。

関連用語 ▶▶ STEM教育（STEAM教育）→ p.025

013

Mobility as a Service

出発から到着までの移動がサービス
MaaS（マース）

POINT
- ▶ 目的地までの移動自体をサービスとして捉える考え方
- ▶ ITを活用してすべての交通手段をシームレスにつなぐ
- ▶ スマホアプリで目的地までの移動手段を検索・決済できるイメージ

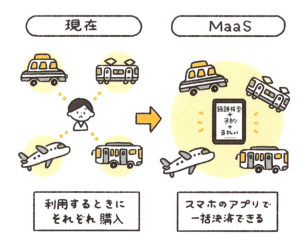

解説 MaaSは、目的地までの移動自体をサービスとして捉える考え方です。例えば、自宅からタクシー、電車、飛行機、バスを乗り継いで目的地に行く場合、通常ならチケットを別々に購入しますが、MaaSでは自宅から目的地までの移動全体を1つのサービスとして利用者に提供します。スマホアプリで、バラバラな移動手段を一括予約できるようなサービスが想定されています。

[TOPIC 1]
事前確定運賃

MaaSとして移動サービスを購入する場合、手配時に個々の移動手段の運賃が確定する必要があり、2021年秋からタクシーに導入される予定です。飛行機のように混雑度合いで運賃が変わるチケット（ダイナミックプライシング）の扱いは、課題に残ります。

[TOPIC 2]
オンデマンドとサブスク（定額制）

例えば、東京から大阪に行く1回だけのサービスを購入するようなタイプがオンデマンド型です。また、定期券に近い定額制として、例えば月額1万円で市内のバスと電車のすべて＋レンタカー200kmまでのようなタイプをサブスクリプション型と呼びます。

関連用語 ▶▶ ライドシェア → p.051、シェアリングエコノミー → p.023、Uber → p.304

014

Autonomous Driving

コンピューターが車を運転する
自動運転

POINT
- ▶ 人間に代わって、コンピューターが車を運転する
- ▶ レベル0からレベル5まで、自動化の段階が定義されている
- ▶ 道交法改正で新車のレベル1サポートは義務化されている

第1章 現代

解説 人間に代わり、コンピューターが状況を判断して車を運転することです。自動運転には、自動ブレーキのような運転支援から、すべての運転操作をコンピューターが行う完全自動運転まで5段階のレベルがあり、数字が大きくなるほど自動運転の難度が上がります。新型車のレベル1の自動ブレーキ搭載は既に義務化され、2025年以降は全新車販売に適用されます。

[TOPIC 1]
道路交通法と自動運転の公道走行

2020年4月に高速道路などに限定し、運転手が緊急操作を行うレベル3（条件付運転自動化）が許可されました。2023年4月には、都道府県公安委員会の許可を得た事業者によるレベル4（システムによる高度運転自動化）による運行が可能になりました。

[TOPIC 2]
実証実験と実用化の取り組み

人間の行動や運転に潜む予測不可能な面を考えると、現実の交通に即した自動運転技術の検証が必要です。そのため、複数トラックの自動隊列走行や限定地域内での無人自動運転移動サービスなど、各種の実証実験を通し実用化が進められています。

関連用語 ▶▶ なし

029

015

Electronic Sports

スポーツとして競い合うビデオゲーム
eスポーツ

POINT
- ▶ 対戦型のビデオゲームを、スポーツ競技になぞらえた呼び名
- ▶ 多くの観衆を集め、高額な賞金のかかった大会が開催されている
- ▶ 将来的にオリンピック種目になる可能性も高まっている

解説　対戦型のビデオゲームを、スポーツ競技になぞらえた呼び名です。シューティングやカーレースなどが代表的なeスポーツです（▶1）。eスポーツと家庭用ゲームは、観客と賞金の有無が大きな違いです。コンピューターとソフトウェアの飛躍的な高性能化と、通信ネットワークの大容量化が、家庭用ゲームから観客に見せるスポーツへの成長を実現しました。

[TOPIC 1]
eスポーツの種類
シューティング、格闘やカーレース、バスケ・サッカーなどのリアルなスポーツの再現などです。シューティングには、自分自身が射撃する一人称の FPS（First Person Shooting）と、主人公（第三者）を操作して射撃する三人称の TPS（Third Person Shooting）があります。

[TOPIC 2]
オリンピックへの競技参加
世界のeスポーツ人口の増加と、世界大会などの実績を背景に、eスポーツもオリンピックへの参加を目指しています。国際オリンピック委員会（IOC）は、オリパラと独立した形で、eスポーツの第一回オリンピックゲームズの 2025 年開催を決定しました。

関連用語 ▶▶ ストリーマー、インフルエンサー → p.032

YouTuber / Virtual YouTuber

016 自分の番組をネットで放送する人
YouTuberとVTuber

POINT
- ▶ 動画投稿サイトYouTubeに、自分で制作した動画を継続的に投稿する人
- ▶ YouTuberは本人自身が動画に出演する
- ▶ VTuberは2Dや3Dのキャラクターが動画の主演を務める

第1章 現代

解説 どちらもインターネットの動画投稿サイトYouTubeに、自分で制作した動画を継続的に投稿する人です。YouTuberとVTuberの違いは、YouTuberは本人が出演しているのに対し、VTuberはアバターと呼ばれる2Dや3Dのキャラクターを代役に使うことです。VTuberのVは、仮想を意味するバーチャル（Virtual）から来ています。

[TOPIC 1]
YouTuberのジャンル
YouTuberやVTuberは、配信内容のジャンルを決めて人気を高めます。例えば「○○してみた！」のチャレンジ系、製品の使い方などをレポートするレビュー系、調理方法を紹介するクッキング系、子供がおもちゃなどを子供目線で紹介するキッズ系などです。

[TOPIC 2]
職業としてのYouTuber
テレビ番組は、視聴者向けの広告収入により運営されています。YouTuberの場合もテレビ番組と同様に、自分が配信する動画に広告を差し込むことで、動画の再生回数に応じて広告収入を得る仕組みです。収益化を目的とした職業としての活動が増えています。

関連用語 ▶▶ ショート動画 → p.042

017

Streamer, Influencer

フォロワーに影響を与えるネットの発信者
ストリーマー、インフルエンサー

POINT
- ▶ ストリーマーは、特にライブ配信をメインとするネット上の発信者
- ▶ インフルエンサーは、ネット上で発信するオピニオンリーダー
- ▶ 両者は、そのフォロワーの意見や行動、決定などに影響を与える

解説 ストリーマーは、ネット上でライブ配信を行う人のことです。eスポーツなどのゲーム実況や主催するトークショーなどを配信します。インフルエンサーは、その発言がフォロワーの考えや行動に影響を及ぼす人のことです。著名人や有名人、特定分野の専門家などで、フォロワーの購買や意思決定を左右します。他者へ影響を与えるという意味で、両者は重なる部分があります。

[TOPIC 1]
政治とインフルエンサー
インフルエンサーの意見は、人々が自分だけでは決めきれないトピック、特に特定の政治的意見の支持や、選挙で投票する候補者選びなどに強く影響します。近年は、立候補者がインフルエンサーに支持を依頼し、得票を大きく伸ばすことも起こっています。

[TOPIC 2]
ストリーマーがインフルエンサーになるとき
フォロワーはストリーマーの面白さに惹かれてつながり始めますが、フォロワーが増加し認知度が高まると、オピニオンリーダー的な存在になり、ライブ配信の枠を超えたコメントや活動自体が影響を与え始めます。

関連用語 ▶▶ SNS → p.151

032

018 Subscription

物やサービスの利用権を買う
サブスクリプション

POINT
- ▶ 製品やサービスを直接購入するのではなく、定額制で利用する購入方法
- ▶ 映画・音楽・ゲームなどを月額で利用し放題なサービスが典型的
- ▶ 家具や洋服のレンタルをはじめ、さまざまな対象に広がっている

第1章 現代

解説

製品やサービスなどの使用料を、利用期間に応じて支払う購入方法のことです。以前から定期券・携帯電話・新聞購読料などの月額使用料制のサービスはありましたが、提供されている製品やサービスが限られていました。現在はAdobeのクリエイター向けソフトウェアやKindle UnlimitedのようなWebサービスから、家電など物の利用や、食品など物の消費も対象になっています。

[TOPIC 1]
事業者のメリット・デメリット

事業者にとっては、継続的な売上が見込め、分割払いの形で新規顧客を獲得しやすいのがメリットです。一方で、ユーザー数が少ないうちは利益を予想できず、また、ユーザーに解約されないようサービス内容をアップデートしていく必要があります。

[TOPIC 2]
利用者のメリット・デメリット

製品やサービスを手に入れるための初期投資が買うより安いことがメリットです。そのため、お試しで使いたい需要にも合います。その半面、長期で利用するなら結局買ったほうが安い、いくら払っても自分の物にならない、などがデメリットと言えます。

関連用語 ▶▶ なし

019

Google, Apple, Meta (Facebook), Amazon, Microsoft

情報で世界に支配的な影響を与える巨大IT企業
GAFA, GAFAM
ガーファ　ガーファム

POINT
- 始まりはGoogle・Apple・Facebook・Amazonの4社の頭文字のGAFA
- 世界中のユーザーが5社のサービスを生活基盤として利用している
- ユーザーの個人情報が集中しすぎていることを警戒する声もある

解説　Google・Apple・Facebook・AmazonそしてMicrosoftの5社の頭文字です。いずれもWebサービスとソフトウェアの超巨大多国籍IT企業で、各種サービスの基盤となるソフトとシステムを提供することからプラットフォーマーと呼ばれます。GAFAを命名したNY大学のギャロウェイ教授は、人間に災厄を及ぼすヨハネの黙示録の4騎士になぞらえ、現代の4騎士と表現しました。

[TOPIC 1]
5社の影響力
巨大な影響力の例…①検索にはGoogleしか使わない。②iPhone以外のスマホにブランドを感じない。③Facebookが自分のコミュニティの中心になっている。④Amazonでしか商品を購入しない。⑤WindowsPCやサーバーを使わざるを得ない。

[TOPIC 2]
プラットフォーム
いずれの企業も、元々はWebサービス・コンピューター製造・ネット通販の会社としてスタートしました。企業の成長に伴って、巨大な資産と莫大な情報量を保有するようになり、現在はプラットフォーマーと呼ばれる生活基盤へ移行しています。

関連用語 ▶▶ Amazon → p.297、Google → p.296、Meta (旧 Facebook) → p.299、Apple → p.298、Microsoft → p.301、BAT → p.035

020

Baidu, Alibaba, Tencent

中国発の3大IT巨人
BAT
(バット)

POINT
- Baidu（百度）、Alibaba（阿里巴巴）、Tencent（騰訊控股）の3社の頭文字
- 中国外のITサービスの締め出しと14億人の巨大国内市場で急成長
- BATとGAFAは、世界のデジタル覇権戦争を繰り広げている

第1章 現代

解説 GAFAに対抗する、中国の巨大IT企業の頭文字です。それぞれのメイン事業として、Baiduが検索エンジン、Alibabaがオンライン通販（EC）、TencentがSNS事業を行っています。いずれも1998〜2000年に起業した新興企業ですが、時価総額が一番小さいBaiduでも、ソニーの1.5倍の企業規模に達しています。有望なITベンチャーを世界中で買収し、金融・エンタメなど、事業の多角化を進めています。

[TOPIC 1]
中国発の背景
中国では、国策として外資系IT企業のサービスに制限をかけており、中国国内でGoogle検索が使えない話は有名です。この海外プラットフォーマーの締め出しと、中国が持つ14億人の巨大国内市場との相乗効果で、中国発の企業が瞬く間に巨大化しました。

[TOPIC 2]
BAT 対 GAFA
BATとGAFAは、世界のデジタル覇権戦争を繰り広げているといわれます。その行方については、①後発のBATが先行者利益を奪うまでに成長し優位にある、②BATが中国政府の統制下にあるかぎりGAFAが優位にある、との2つの見方があります。

関連用語 ▶▶ Baidu（百度）→ p.306、Alibaba（阿里巴巴集団）→ p.305、Tencent（騰訊）→ p.307、GAFA、GAFAM → p.034

021

Quantum Computer

異次元の速さで計算するコンピューター
量子コンピューター

POINT
- ▶ 量子理論を使ったまったく新しいコンピューター
- ▶ 今までのビット(0/1)より多くの情報を持つ量子ビットを使う
- ▶ 量子コンピューターは暗号解析のような組み合わせ問題に強い

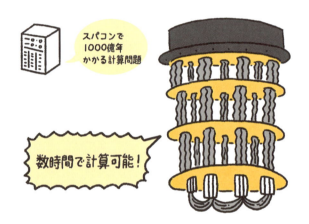

解説 量子ビットと量子計算を用いるコンピューターです。通常のコンピューターが扱うのは、0か1のいずれかの値を持つビットです。他方、量子ビットは0と1の両方を確率的に同時に持つ性質があり、一度に4種類の情報を扱えます（▶1）。この特徴は、暗号解読（▶2）のような組み合わせを調べ上げて解を求める問題に強く、スーパーコンピューターより高速です。

[TOPIC 1]
量子ビットと量子計算

量子ビットの場合、「量子重ね合わせ」により 00、01、10、11 のすべての組み合わせが、ある確率で同時に存在します。量子アルゴリズムによりその確率を操作し、一度の計算で複数の量子の組み合わせの中から正解の項を導き出すのが量子計算です。

[TOPIC 2]
暗号解読が得意

例えば暗号化されたパスワードの解読は理論的に可能ですが、素因数分解という膨大な組み合わせ計算が必要なため、現在のコンピューターでは解読に法外な時間が必要です。量子コンピューターを使えば、現実的な時間で解けると想定されています。

関連用語 ▶▶ ビットとバイト → p.102

022

Virtual Reality Chat

アバター同士が交流する仮想空間（VR）の中のSNS
VRChat
（ブイアールチャット）

POINT
- ▶ 交流の場としての仮想空間（VR）を提供する、SNSサービス
- ▶ 参加者は自分のアバターを用意し、アバターとしてSNSに参加する
- ▶ VRゴーグルを装着し、アバター同士がコミュニケーションを行う

第1章 現代

解説 仮想現実（VR）の空間によるSNSサービスです。自分自身は立体的なアバター（▶1）となり、VRゴーグルを使い、他の参加者のアバターと仮想現実（VR）の空間の中で音声や文字でコミュニケーションを行います。参加者同士のコンテンツ共有やグループ活動に加え、VR空間内でのイベントやパーティなどもあります。VRChatは、メタバースの一種（▶2）です。

[TOPIC 1]

アバター（Avatar）

VRChatには、自分自身をキャラクター化しニックネームで参加します。このキャラクター化した自分の分身をアバターと呼びます。VRは立体空間なので、多くの場合自分自身をモデル化した3次元立体画像やアニメチックなキャラクターとなって参加します。

[TOPIC 2]

メタバースとの違い

VRChatは基本的に一つのサービスで閉じていますが、メタバースは複数の仮想空間が相互に接続された世界も想定しています。また、活動内容もメタバースはコミュニケーションにとどまらず、現実世界同様にビジネスや教育などの幅広い領域が対象です。

関連用語 ▶▶ VR（仮想現実）→ p.46、スマートグラス、ARゴーグル、VRゴーグル → p.40、メタバース → p.38

023

Metaverse

現実のような社会活動ができるデジタル社会
メタバース

POINT
- ▶ 現実社会を反映したデジタル仮想社会のこと
- ▶ 現実同様にゲーム、趣味、仕事、などを仮想社会の中で行なえる
- ▶ メタバース内の仮想社会の土地取引も行われている

解説 　現実世界を反映したデジタル仮想社会のことです。メタ（超越）とユニバース（宇宙）を組み合わせた造語で、現実を超越した宇宙的空間の意味合いです。他の参加者と一緒にゲーム、趣味、仕事などのさまざまな活動を行えます。オンラインで他のプレイヤーと一緒にゲームするイメージですが、加えて物の売買やメタバースの世界の土地取引なども行えます。

[TOPIC 1]
メタバース・プラットフォーム

メタバースには特徴の異なるプラットフォーム（メタバースを提供するサービス）が存在します。ゲーム主体のロブロックス（Roblox）、ビジネス主体のディセントラランド（Decentraland）、仮想世界を作り取引も行うセカンドライフ（Second Life）などがあります。

[TOPIC 2]
メタバースの功罪

メタバースには、現実世界ではできない社会的つながりを増やし、創造的な活動や経済活動につながる光の部分と、プライバシーデータの露出と悪用、警察のいないオンライン空間内での誹謗中傷やセクハラ、現実逃避などの、影の部分があります。

関連用語 ▶▶ VRChat → p.037、Meta（旧 Facebook）→ p.299

024

Indie Game (Independent Game)

自分で作った自分がプレイしたいゲーム

インディーゲーム

POINT
- ▶ 個人や小さなグループが自己資金で制作したゲーム
- ▶ 企業から投資を受けず、作りたいものを作れる自由がある
- ▶ コミュニティの存在がゲームを育てる支えになっている

第1章 現代

解説 個人や小規模なグループが自己資金で制作したゲームです。制作会社などからの資金援助や投資がない反面、売れる売れないを気にせず自由にゲームを作れます。またゲームを支援するコミュニティ（▶1）が立ち上がると、多様なフィードバックからゲームの幅も広がります。資金の制限からグラフィックの単純化や、ネットに限定した販売ルートなどの制約もあります。

[TOPIC 1]
コミュニティ
ネット上には、ゲーム開発者とユーザー（プレイヤー）が直接参加するコミュニティが存在しています。インディーゲームに特化した Itch.io、Game James や、アメリカ版 2Ch の Reddit の専門チャネル、チャットサービスの Discord などが知られています。

[TOPIC 2]
インディーゲームの規模
インディーゲームと呼ぶ範囲に決まりはありませんが、1人から数人の開発者、数カ月から1年程度の開発期間、1から数レベルのゲームレベル、数百メガからギガのファイルサイズが典型的な規模です。ゲームの複雑さにより多少の幅があります。

関連用語 ▶▶ なし

025

Smart Glass, AR Goggle, VR Goggle

デジタル情報を映し出すメガネ
スマートグラス、AR ゴーグル、VR ゴーグル

POINT
- ▶ 眼鏡の中に説明など情報を表示するのがスマートグラス
- ▶ 実際の景色に 3 次元画像を合成するのが AR ゴーグル
- ▶ フル CG の 3 次元画像を投影するのが VR ゴーグル

解説

いずれもデジタルで生成した情報を見る、専用の眼鏡やゴーグルです。違いは見える内容（▶1）です。スマートグラスは、実際に見える視界の中に注意や付加的な文字情報を重ね合わせます。AR ゴーグルは、実際に見える視界に3次元デジタル画像を部分的に上書きした合成画像を映します。VR ゴーグルは、全てをCGで生成した3次元デジタル画像を見るために使います。

[TOPIC 1]
使い方の例
スマートグラスは例えば今見ている物の名前や説明をパッと見る、AR ゴーグルは例えば外科治療で実際の患部と手術手順のイメージを合成した画像を見る、VR ゴーグルは例えば臨場感あるエベレスト登頂を体験する、などの使い方が想定されます。

[TOPIC 2]
製品の例
グーグルの販売するグーグル・グラスがスマートグラスの、マイクロソフトが販売するマイクロソフト・ホロレンズが AR ゴーグルの、メタが販売するメタ・クエストシリーズが VR ゴーグルの製品例です。

関連用語 ▶▶ VR（仮想現実）→ p.046、AR（拡張現実）→ p.047、Google → p.296、Microsoft → p.301、Meta（旧 Facebook）→ p.299

026

Impression Zombies

閲覧数の荒稼ぎに現れる不気味な妖怪

インプレゾンビ

POINT
- ▶ 閲覧数稼ぎのため、無意味な投稿を繰り返すアカウントのこと
- ▶ 目的は他人の投稿に便乗して広告閲覧数を増やし、収益を上げること
- ▶ 海外にはインプレゾンビに相当する言葉がなく、日本独自の造語

第1章 現代

解説 　迷惑な投稿を繰り返すアカウントで、特にXで顕在化しました。SNSの閲覧数（インプレッション数）を稼ぎ、投稿の返信欄に表示される広告の閲覧回数を増やすのが目的です。注目中の投稿とその返信の転載、無意味な返信、トレンドのハッシュタグの投稿などを行います。この種の投稿が大量に湧いて出るのをゾンビに例え、インプレゾンビと呼んでいます。

[TOPIC 1]
人間とは限らない
投稿を繰り返すのは人間とは限らず、ボットの様に自動化されたプログラムを利用することも可能です。投稿文をAIで自動生成するボットや、投稿に対する返信数の増加率を測定し、より多い投稿に対しインプレ稼ぎを行うボットなどがあります。

[TOPIC 2]
インプレゾンビ撲滅
インプレゾンビの投稿が持つ特徴的なフレーズをフィルタし、非表示にするプログラムなどが個人から配布されています。Xも投稿の広告表示からの収益を廃止し、投稿を読んだ人数や、反応の内容から投稿の質を分析して収益を分配する方法に変更しています。

関連用語 ▶▶ X → p.302

041

027

Short Video

短い時間で表現を共有する動画
ショート動画

POINT
- ▶ 数秒から数分のネット配信動画
- ▶ 個人が伝えたいことを短時間で表現する手段として広まる
- ▶ 現在は企業のマーケティング広告にも使われている

instagram　　Tik Tok　　You Tube

解説　短時間のネット配信動画です（▶1）。スマホでの視聴を前提とし、数秒から数分程度の長さです。「試してみました」などのチャレンジ系、コメディ、知恵袋、製品レビュー、自作物語など多岐に渡ります。結論までを簡潔かつ短時間（▶2）で伝える特徴が、情報過多の現代で広まった背景といわれます。元々は個人ベースでしたが、現在は企業も参画しています。

[TOPIC 1]
ショートビデオの場所

Vine、TikTok、YouTube、インスタグラムなどに、ショートビデオが多く存在しています。6秒ビデオをコンセプトとするVineが元祖で、多くのクリエイターを触発しました。TikTokは時間を最大10分にまで拡張し、新たなユーザー層を獲得しています。

[TOPIC 2]
メリットとデメリット

途中を飛ばさず全部見られるのが短時間動画のメリットで、芸術表現、マーケティング、広告などに積極的に使われています。逆に、内容の薄さや類似動画の乱立、YouTuberのような収益化が難しい点がデメリットといわれます。

関連用語 ▶▶ TikTok → p.152、YouTuber、VTuber → p.031

028 距離が測れる超低消費電力の無線通信
Ultra Wide Band：超広帯域無線通信

POINT
- 従来無線の数百倍以上の帯域を使い、超低消費電力で通信できる
- 60年代のレーダ技術がルーツで、標準化と部品の実用化で普及に弾みがつく
- 高精度の距離測定が可能で、スマートタグなどでの利用が進む

第1章 現代

解説 近距離向けの広帯域無線通信技術です。非常に広い無線帯域を使い、超低消費電力で多くの情報を送信できます。他の無線通信との混信が少なく、障害物に強いのも特徴です。センチメートル単位の距離測定（▶1）が可能なため、iPhoneのエアタグ等のスマートタグ、自動車のキーレスエントリー、鍵やICカードに代わるUWB内蔵スマホでの入退出などに使われています。

[TOPIC 1]
位置測定方法
代表的な方式に、送信器から受信器までの電磁波の到達時間から距離を求めるToF(Time of Flight：飛行時間)と、複数のアンテナで受信し電波の位相差から距離を求めるAoA(Angle of Arrival：到達角度)があります。エアタグはAoAを利用しています。

[TOPIC 2]
2つの通信方式
UWBで使われる通信送方式には、高い距離測定精度のある、非常に短い時間幅（数ナノ＝ 10^{-9} 秒）のパルスを送る方式と、より大量のデータ転送に向く、多数の搬送波（情報を変調して送る時の基準波）でデータを送信する方式があり、両者が併存しています。

関連用語 ▶▶ なし

「今」のIT用語を知っていくには？

移り変わりの激しいIT用語についていくのは、なかなか大変です。そんなIT用語へのキャッチアップの方法について、3つのパターンを紹介します。

その1　「とにかく、新しい言葉を知りたい」

おすすめはIT系のニュースを丹念に見ることです。比較的簡単な方法は、日経やプレジデント、東洋経済などのサイトにユーザー登録し、ネット配信メールのタイトルに注目します。メールのタイトルは、最小の文字数で読者の注目を集めるために、新しい用語がよく出てきます。その中でも頻出する用語は、今のトレンドだということがすぐわかります。

その2　「ニュースで聞いた用語について知りたい」

ネットで検索すれば、大抵の用語についての解説記事が簡単に見つかります。そのときの注意点は、誰がどんな目的で書いた記事かに気をつけて読むことです。企業サイトで特定の製品紹介につながっている記事や、個人のブログで広告と一緒に掲載されている記事などは、その製品の強みに偏った説明もあるので、複数の情報から意味をつかみます。

その3　「説明を聞いても？な用語をきちんと知りたい」

複雑な考えや仕組みを理解するには、ある程度全般的な内容のきちんとした説明を読むのが王道です。より多くの情報を総合し、頭の中で整理したり、ITパスポートなどのITに関する試験問題の解説本や解説サイトなどを利用したりするのも効果的です。もちろんこの本も、そのような多面的な情報の一つとして大いに役立ちます。

第 2 章

ニュース

ニュースを読むための
IT用語

029  Virtual Reality

コンピューターが作り出す想像の世界
VR（仮想現実）

POINT
- ▶ コンピューター・グラフィックスで作られる臨場感のある仮想世界
- ▶ 頭にかぶる装置を装着して体験するVRが今の主流
- ▶ 視覚・聴覚など五感に訴えて、現実の世界のような没入感を与える

解説 VRは、高精細のコンピューター・グラフィックスで作られた、想像の世界のことです。仮想世界だけでなく、現実の特定の場所・時間の再現もVRです。一般的には、ヘッドマウント・ディスプレイ（▶1）を使い視覚と聴覚に訴えるVRが主流です。特殊な装置により、風や雨のような皮膚感覚や足元を傾けて平衡感覚に訴えるなど、さらに臨場感を高めるVRもあります。

[TOPIC 1]

ヘッドマウント・ディスプレイ（HMD）

HMDは、ゴーグルの形状で両目を完全に覆うように装着します。内側にはスクリーンがあり、立体映像と同時にサラウンドスピーカーによる立体音響効果で臨場感を高め、現実と錯覚する没入感を与えます。

[TOPIC 2]

VRの活用とメリット

仮想世界が舞台のゲームや旅行などのエンターテインメント、訓練としての災害の追体験、医療トレーニングや教育など、さまざまな分野への活用が想定されています。VRでリアルな感覚を体験することで、トレーニング効果が高まると期待されます。

関連用語 ▶▶ AR（拡張現実）→ p.047、MR（複合現実）→ p.048、VR chat → p.037
スマートグラス、ARゴーグル、VRゴーグル → p.040

030

Augmented Reality

現実の映像に情報をプラスした拡張世界
AR（拡張現実）
（エイアール）（かくちょうげんじつ）

POINT
- ▶ 現実の風景にコンピューター・グラフィックスを重ね合わせる
- ▶ バーチャル試着のようなサービスに活用されている
- ▶ リアルタイム映像を通して現場作業を支援するような使い方もある

第2章 ニュース

解説
ARは、現実の映像に新たな情報を加えて、現実世界を拡張することです。ポケモンGOはARの一例ですが、現実の風景を背景に、ポケモンのキャラクターを重ねて映し出すことで、現実を拡張したピカチュウの住む世界を作っています。VRがすべてコンピューターの作り出した仮想世界なのに対し、ARは現実の画像にコンピューター・グラフィックス（CG）の仮想現実を付け加える点が違います。

[TOPIC 1]
ビジネスへの活用
活用例として、実際の立地予定地に建築物を映像化したり、室内に家具を配置したイメージを確認したり、実際の景色に道案内を表示したりする情報付加型のサービスがあります。またECサイトでは、バーチャル試着サービスなどの利用が進んでいます。

[TOPIC 2]
空間コンピューティング
Spatial Computing の訳で、物理的な世界と計算で生成したデジタル世界を連続的に見せる技術です。コンピュータが自分の周囲を見渡して、何があるのかを理解する技術ともいわれ、例えば物の広がりや奥行きを認識し、違和感のない立体合成を行います。

関連用語 ▶▶ VR（仮想現実）→ p.046、MR（複合現実）→ p.048、
スマートグラス、ARゴーグル、VRゴーグル → p.040

047

Mixed Reality

031

現実と仮想が混在する世界
MR（複合現実）

POINT
- ▶ 現実の風景にコンピューター・グラフィックスを重ねる点はARと同じ
- ▶ MRはコンピューター・グラフィックスを操作できる点がARと異なる
- ▶ 多人数で同じ複合現実を共有することもできる

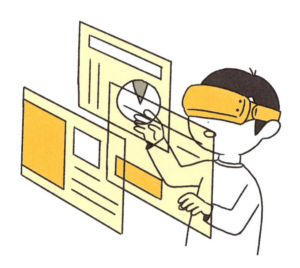

解説 MRは、実在する物や空間の映像と、コンピューターが生成した物や空間の映像が連続的に共存すること、つまり両方を同じレベルで存在するものと認識することです。例えばHMD内に現実と仮想の両方の照明スイッチが映っているとき、どちらのスイッチも指で操作して照明をON/OFFできるイメージです。技術が進歩しMRとVR, ARの領域が重なりつつあります（▶**2**）。

[TOPIC **1**]
MRの活用
例えば医療現場では、患者の患部を撮影した大量のCT画像を元に回転させて、いろいろな方向から観察できるような立体映像を合成し、複数の医師の間でその映像を共有しながら手術のシミュレーションを行う、といった取り組みが行われています。

[TOPIC **2**]
XR（eXtended Reality）
MRは、自分が実際に見ている画像へのCGの付加が難しかったので、カメラで撮影した画像とCGを合成する拡張型VRとして進展しました。メガネ型ARで3DCG合成が実現してVR、AR、MRの区別が困難になり、総称としてXRと呼ばれ始めています。

関連用語 ▶▶ VR（仮想現実）→ p.046、AR（拡張現実）→ p.047、スマートグラス、ARゴーグル、VRゴーグル → p.040

048

032

Information and Communication Technology

ITとネットワークを融合した情報通信技術
ICT
アイシーティ

POINT
- ▶ インターネットを中心とする情報通信技術・サービスを指す言葉
- ▶ Webや電子メール、ECはじめ幅広い技術・サービスが当てはまる
- ▶ ITとほとんど同じ意味で、通信の役割を強調したいときに使われる

解説 ICTとは、人と人、人とサービスを通信でつなげる技術の総称です。ICTの例には、電子メールやSNS、EC（電子商取引）や検索などのWebを利用したサービス、遠隔医療、オンライン授業など、幅広い技術やサービスが当てはまります。ほとんど同じ意味の用語にIT（▶1）がありますが、ICTはITをベースとして通信の役割を強調した用語です。

[TOPIC 1]
ITとICTを区別するとき
IT（Information Technology、情報技術）は、どちらかというとコンピューター本体やソフトウェアなど、コンピューター技術そのものを指しています。それに対して、ICTはインターネットを中心とする情報通信技術とその利活用の総称という点が違います。

[TOPIC 2]
当分はITとICTが共存
ITとICTの用語について、世界的にはICTへ一本化していく方向といわれています。日本政府の中では、経産省が「IT新戦略」などITを、総務省が「情報通信政策（ICT政策）」などICTを使っていて、用語が共存する状態になっています。

関連用語 ▶▶ SNS → p.151、EC → p.180、オンライン授業 → p.026、インターネットとイントラネット → p.230、ヘルステック（医療テック）→ p.062

049

033

Green IT

環境にやさしいIT化
グリーンIT

- ▶ IT技術を活用した、省電力化などの環境対策のこと
- ▶ IT機器自体の省エネ化と、IT機器による省エネ化の両方が含まれる
- ▶ CO2排出削減のため、国際的に取り組みが進められている

解説

IT技術を活用した、省電力化などの環境対策のことです。国立環境研究所は「IT機器等のグリーン化とIT機器によるグリーン化の両面から、エネルギー消費の削減や地球温暖化対策を果たそうとするもの」と定義しています。例えば、エネルギー利用効率の改善によるオフィスビルの省電力化や、テレワークなど生活行動の変化によるエネルギー消費の抑制などです。

[TOPIC 1]
グリーンITの制度
最も省エネ性能が優れている製品を基準に、それと同レベルの省エネ達成を義務づけるトップランナー制度、省エネ製品に貼るJIS規格の省エネラベリング制度、温室効果ガス排出量を表示するカーボンフットプリントなどが、日本で制度化されています。

[TOPIC 2]
京都議定書とグリーンIT
1997年に京都で開かれた、気候変動枠組条約第3回締約国会議（COP3）の議定書で、達成数値目標が設定されました。その際、CO2排出量増加の原因の多数がIT機器を活用する産業だったことから、グリーンITの取り組みが重要になりました。

関連用語 ▶▶ なし

034

Ride-share

みんなで乗れば安くつく
ライドシェア

POINT
- ▶ スマホアプリや Web サイトから、車に同乗する乗客を募るサービス
- ▶ Uber の自家用車をシェアするサービスが有名
- ▶ 日本ではタクシーの同乗サービスがある（自家用車のシェアは違法）

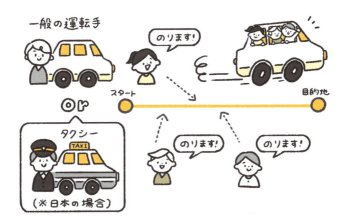

解説 スマホアプリやWebサイトを使い、車に同乗する乗客を募るサービスのことです。アメリカのUberが、自家用車をシェアするサービスとして始めました。日本では自家用車の利用に関して法規制（▶1）があるので、最近はタクシーの同乗をライドシェアと呼ぶサービスが提供されています。カープール（▶2）を利用するため、車に同乗することもライドシェアです。

[TOPIC 1]
自家用車を使う課題
日本では、自動車に乗客を乗せるためには、タクシーと同じ第二種免許が必要になり、車両自体もタクシーとしての登録が必要です。そのため自家用車の所有者が運転するアメリカ型のライドシェアは、日本では違法行為となる白タク事業に当たります。

[TOPIC 2]
カープール
カープールは1台に複数人が同乗する車のみが走行できる車線で、渋滞する一般車線を横目に走れる制度です。同じ地域から市内の近くの会社に行く人々が、通勤・帰宅時に同乗することで、渋滞を緩和する目的で、海外では広く普及しています。

関連用語 ▶▶ MaaS → p.028、シェアリング・エコノミー → p.023、Uber → p.304

035　Light Detection And Ranging (Light imaging, Detection, And Ranging)

レーザー光で周囲を精密に測定する技術
LiDAR（ライダー）

POINT
- ▶ レーザー光を使い、物体の距離と方向を測定する技術
- ▶ 光が物体に当たり、跳ね返って戻ってくるまでの時間を測定に利用する
- ▶ 自動運転技術の一つで高詳細地図情報によるデータ解析が不可欠

解説　LiDARは、照射したレーザー光が物体に当たり、反射光や散乱光として跳ね返ってくる時間から、物体との距離と方向を測定する技術です。レーザー光は物体の形を精密に測定でき、周囲の正確な情報が必要な自動運転に欠かせない技術の一つになっています。最新のiPhoneに搭載のLiDARスキャナは、暗所で被写体にフォーカスする機能や立体物のコピー作成に使えます。

[TOPIC 1]
本格的な自動運転に向けた課題
LiDARを量産車に搭載するには、さらなる低コスト化と小型軽量化が必要です。また、レーザー光による測定データの解析には、ダイナミックマップと呼ぶ道路・地形・標識・規制情報などを持つ地図データが必要で、この地図の作成が求められています。

[TOPIC 2]
LiDARの歴史
LiDARは、レーザー光の短い波長による微細な測定が可能な特徴を生かし、雲や大気中の汚染物質を測定する、気象学用の研究機材の技術として利用が始まりました。その測定の正確性から、アポロ15号もLiDARを搭載し月面測定に利用しました。

関連用語 ▶▶ 自動運転 → p.029

036 ドライブレコーダー

Drive Recorder / Dashcam

運転中の状況をリアルタイムで記録する装置

POINT
- ▶ 運転中に車の前方や後方の状況を録画する装置
- ▶ GPS搭載製品は、速度・位置・時間などの運行データが記録できる
- ▶ 常時録画する製品、衝撃や人・車の動きで録画を開始する製品がある

リアルタイムで運行データを管理 居眠り運転やわき見運転を察知し警報を鳴らす

わき見運転や急ブレーキが動画で残るので運転手に指導することができる

解説 ドライブレコーダーは、運転中に車の前方や後方の状況を録画する装置で、あおり運転などに対抗する安全装備として普及が進みました（▶1）。また、GPSを搭載して速度・位置・時間などの運行データを記録する一種のIoT装置として、業務用車両の運行管理に利用されています（▶2）。リアルタイムでの運行指示が可能になり、配送の効率化に役立っています。

[TOPIC 1]
安全装置としての普及
ドライブレコーダーの録画は、あおり運転などの被害時に証拠となる場合があり、さらに録画を知らせること自体が抑止力となるため、普及が進んでいます。また、後退時の確認用バックカメラは、新車販売する全車への装着が義務化されています。

[TOPIC 2]
利用の広がり
ドライブレコーダーを通してインターネットにつながった車両から、リアルタイムに運行情報を収集できることで、物流業での配達時間見積もりや配車管理、レンタカーの返却時間の管理、自動車保険会社の事故対応の迅速化などが実現しています。

関連用語 ▶▶ IoT → p.147、GPS → p.054

第2章 ニュース

037

Global Positioning System

高度2万kmからの電波で位置を測る
GPS
ジー ピーエス

POINT
- ▶ 人工衛星の電波で地上の位置を特定するシステム
- ▶ アメリカが始め、現在は日本、EU、ロシア、中国なども運用
- ▶ これらを連携させたのが全球測位衛星システム（GNSS）

解説 全地球測位システムとも呼ばれ、アメリカが打ち上げた、高度2万km を周回する32機の人工衛星が出す電波を利用して、地上の位置を特定する仕組み（▶1）です。地上のGPS受信機で受信します。現在は日本（▶2）をはじめ、EU、ロシア、中国など、アメリカ以外の国々も独自の衛星システムを運用していて、これらを連携させたのが全球測位衛星システムです。

[TOPIC 1]
測位の原理
人工衛星は、内蔵する原子時計の時刻と位置情報を発信しています。受信機は、この発信時刻と受信時刻との時間差から距離を計算し、衛星を中心とする球を描きます。複数の衛星を使って複数の球を描き、地上にある球の交点を自分の位置とします。

[TOPIC 2]
みちびき
日本は「みちびき」と呼ぶ、日本だけをカバーする準天頂衛星システムを運用しています。みちびきはGPSシステムと互換性があり、一体運用により位置情報の精度の向上を実現しました。現在は4機体制ですが、2024年度からは7機体制となる予定です。

関連用語 ▶▶ ドライブレコーダー → p.053、ドローン → p.060

038

Crowdfunding

ネットを使って投資家を募集します
クラウドファンディング

POINT
- ▶ インターネットを使った資金集め
- ▶ 不特定多数の人から少額ずつ資金援助してもらうことができる
- ▶ 見返りのある購入型と、見返りのない寄付型がある

解説 実現したいことがありながら資金不足で実現できない人や企業が、その思いをプロジェクトとして発信し、共感した人が任意の金額の資金を提供する、インターネットを利用した資金集めの仕組みです。クラウドファンディングの対象に制限は無く、製品開発、イベント実現、復興支援など、多くの人が資金提供したいと思える内容であれば何でもOKです。

[TOPIC 1]
モノへの投資とコトへの支援
資金提供の対象がモノかコトかにより、クラウドファンディングの意味が若干異なります。モノの場合は今後発売される新製品を一足先に購入する投資となり、コトの場合はお礼状などリターンを伴わない寄付やチケット購入などの支援が一般的です。

[TOPIC 2]
ファンディングの目標額
プロジェクトを開始する際に、募集する支援金の目標額を設定します。目標額を達成すれば、プロジェクト成立で終了します。達成しない場合は、プロジェクト不成立として支援者に返金したり返金せずに活用したりと、プロジェクトごとに異なります。

関連用語 ▶▶ フィンテック → p.018、ソーシャルレンディング → p.057、インターネットとイントラネット → p.230

039

Internet Banking

スマホの画面からお金を振り込めます
インターネットバンキング

POINT
- ▶ アプリや Web サイトから銀行口座の残高照会や振込ができる
- ▶ 時間や場所を問わず取引が行えて便利
- ▶ 資金の移動は二重の認証で安全性を高めている

解説 スマホやパソコンから、インターネットを介して、銀行口座の残高照会や振込を行うことです。現金の引き出しや預け入れ、記帳などの物理的な取引が必要なサービスを除けば、窓口やATMに行かずに、自分の都合の良い場所とタイミングで取引を行えます。使う側の利便性と金融機関の効率化の両方のメリットから、インターネットバンキングの利用が進んでいます。

[TOPIC 1]
個人認証
インターネットバンキングは、自分の銀行口座専用の Web アカウントでログインして利用します。資金の移動を伴う操作の場合は、第 2 パスワードや、ワンタイムパスワード（▶2）用のセキュリティデバイスや専用アプリを使い、二重の認証を行います。

[TOPIC 2]
ワンタイムパスワード
一度だけ有効なパスワードです。金融機関から送られる小型の電卓型の専用装置やスマホの専用アプリを使い、そこに表示される通常 6 桁以上の数字を取引画面に入力します。暗証番号と同じ役割ですが、短時間で数字が更新されるので悪用が困難です。

関連用語 ▶▶ インターネットとイントラネット → p.230、二要素認証と二段階認証 → p.256、ワンタイムパスワードとシングルサインオン → p.257

Social lending

040

ネットの中でお金の貸し手と借り手をマッチング

ソーシャルレンディング

POINT
- ▶ 個人や企業を問わず、貸し手と借り手をマッチングするサービス
- ▶ ソーシャルレンディング事業者が各国の法令に従いサービスを運用する
- ▶ 銀行よりも条件がゆるく素早く融資を受けられるが、金利が高い

解説　インターネット上の事業者を介して、個人および企業間の資金の貸し借りを行うサービスです。日本では、現在20社程度のソーシャルレンディング事業者が存在し、個人投資家から集めた資金を中小企業に融資し、返済金の利息から手数料を差し引いて投資家に還元しています。融資先の決定は事業者への一任となり、投資家が具体的な融資先を知ることはできません。

[TOPIC 1]
メリットとデメリット

融資を受ける側には、銀行より条件がゆるく素早く融資を受けられるのがメリット、銀行より高い金利がデメリットです。投資家には、預金に比べ高い利率を期待できるのがメリット、元本割れや延滞などのリスクが高まるのがデメリットです。

[TOPIC 2]
始まりはP2Pレンディング

ソーシャルレンディングの原型は、2005年にイギリスでサービスを始めた、P2Pレンディングの Zopa といわれます。貸し手が、ネットにアップされた借り手の中から、信用度や利率などの条件に合う相手を選んで融資するマーケット型のサービスです。

関連用語 ▶▶ クラウドファンディング → p.055、インターネットとイントラネット → p.230

041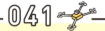

Gamification

ゲームみたいに楽しく勉強
ゲーミフィケーション

POINT
- ▶ アプリやサービスにゲームの要素を取り込み、ユーザーを惹きつける
- ▶ 顧客の購買意欲を高めるマーケティング手法にも応用されている
- ▶ 人材開発や教育などモチベーションを高める方法にも利用される

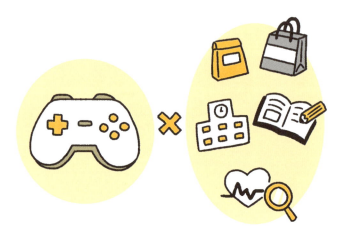

解説 ゲームではないアプリやサービスに、ゲームの要素やデザインを取り入れる（▶1）ことです。ゲームはユーザーを惹きつけるためにアクションやスコアの競争など、さまざまな仕組みを使います。これを応用した、顧客の購買意欲を高めるマーケティング手法も注目されています。また、モチベーション向上の観点から、教育やヘルスケアなどへも広まっています。

[TOPIC 1]
ロールプレイングゲームの特徴
ロールプレイングゲームには、ストーリー性・行動の結果がすぐわかる即時性・アイテム獲得や周囲の称賛などの達成感・自分の化身のアバターを通した自己成長の可視化などの特徴があります。ゲーミフィケーションもこれらの要素を盛り込んでいます。

[TOPIC 2]
ゲーマータイプ
ゲーミフィケーションは、ユーザーのゲーマータイプに合わせたゲームを提供すると効果が高まります。タイプには、達成や称賛を重視するアチーバー、新たな刺激を求めるエクスプローラー、他者との交流を重視するソーシャライザーなどがあります。

関連用語 ▶▶ なし

Agritech (Agriculture + Technology)

042 ITを活用して農業の収益をアップ
アグリテック（スマート農業（のうぎょう））

POINT
- ▶ 農業（Agri）とテクノロジー（Tech）をつなげた造語
- ▶ IT技術の利用により、農業生産の効率化と収益化を実現する
- ▶ 数値化されたノウハウをITで活用し最高の収穫の再現を目指す

ドローンで薬剤散布 ／ 温室を遠隔でモニタリング ／ 農作物を全国の消費者に売る

解説　IT技術の活用により、効率化・省力化・生産性と利益の向上を目指す農業です。ドローンによる農薬散布やネットワークでつながった計測器による農場の気候計測システム、管理された環境内で栽培する植物工場などがあります。また、投資が欲しい生産者と、投資により将来の収穫物を購入したい消費者を結びつけるマッチングサイトも、アグリテックの一種です。

[TOPIC 1]
アグリテックと機械化の違い
単位面積当たりの増産に結びつくかどうかが主な違いです。トラクターや耕運機による機械化は、時間短縮と労働軽減が目的なのに対し、アグリテックは、数値化した農業ノウハウをITで活用し、最善の生産条件の再現と単位収量の最大化を目指します。

[TOPIC 2]
日本の課題
アグリテックには先行投資が必要ですが、投資の回収にはある程度の生産量が必要で、小規模農家や兼業農家にとってはハードルが高くなります。また農家の高齢化が進む中では、普及のために高齢者が使いこなせるシステムを作ることも重要です。

関連用語　▶▶ ドローン → p.060

043

Drone

自力で飛ぶ無人航空機
ドローン

POINT
- ▶ 無人ヘリや無人飛行機の総称
- ▶ コンピューターとGPSを搭載し指定経路に沿った自律飛行も可能
- ▶ 災害報道や事故現場調査などにも利用されている

解説 無人航空機の一種です。複数プロペラを持つヘリ型から、翼のある飛行機型まで多くの種類があり、ホビー用・商用・軍用と用途もいろいろです。ラジコンは操縦者の目視による有視界飛行なのに対し、ドローンは搭載したカメラによる遠隔操縦や自律飛行制御が可能な点が大きく異なります。利用法により、センサー、カメラ、GPS、地上との通信装置などを備えます。

[TOPIC 1]

ドローンの操縦

大きく分けると、①目視とドローンのモニターにより地上から遠隔操縦を行う地上制御、②ドローンに搭載したセンサー・カメラ・GPSの情報を使い、搭載したコンピューターが飛行速度や進路を決定し機体を制御する自律制御、そして③両者の併用です。

[TOPIC 2]

ドローン配達

ドローンには、今後の配送手段としての期待もあります。離散した過疎地や、逆に近距離の効率的輸送に効果があると考えられています。受取人の確認方法、運べる荷物の量、墜落時の問題など、課題の洗い出しと解決策が検討されています。

関連用語 ▶▶ GPS → p.054

044

HR tech (Human Resources + Technology)

人事の仕事を手伝うITシステム
HRテック
（エッチアール）

POINT
- ▶ 人事（HR）とテクノロジー（Tech）をつなげた造語
- ▶ AIやビッグデータなどのIT技術を活用して人事業務を効率化
- ▶ 人事の生産性向上が期待される半面、AIによる評価に課題もある

解説 HRテックは、AIやビッグデータなどのIT技術を活用した人材採用・人材育成・人事評価から給与支払や研修管理など、広範な人事業務システムやサービスのことです。エントリーシートによる採用選考で、過去の採用・不採用のデータとAIにより点数化したエントリー内容を突合せ、採用判断に利用するシステム（ピープルアナリティクス▶1）などがあります。

[TOPIC 1]
ピープルアナリティクス
データにより人事に関わる課題の解決を目指すHRテックの手法です。従業員のデータを収集分析し適性判断や評価に用います。ただし正確性の向上には、解決すべき課題に合ったデータの準備が必須で、業種や職場による偏りへの考慮と補正も必要です。

[TOPIC 2]
HRテックの課題
過去に良い評価を受けた人の行動をデータ化し評価基準にしがちですが、それが今も当てはまるとは限りません。AI採用でデータを重視すると、例えば男性中心の職では女性志望者の評価が下がることが知られており、IT化で考慮すべき課題と言えます。

関連用語 ▶▶ 人工知能（AI）→ p.194、ビッグデータ → p.199

045

Healthtech (Health + Technology)

健康維持や病気の治療を IT 技術で支援する

ヘルステック（医療テック）

POINT
- ▶ 健康（Health）とテクノロジー（Tech）をつなげた造語
- ▶ AI や IoT などの IT 技術を活用してヘルスケアや医療を支援
- ▶ 普及の期待と同時に、収集した個人情報の扱いなど課題もある

解説　ITを活用した、病気の予防や治療を支援する製品やサービスのことです。個人向けのヘルステックとして、脈拍や睡眠パターンを測定するスマートウォッチがあります。また、このようなウェアラブル機器とAIを組み合わせ、リアルタイムで体調診断を行う健康管理もヘルステックの一例です。なお、治療に関わるものを医療テックと呼んで区別する場合もあります。

[TOPIC 1]
健康管理への活用例
健康管理としては、個人の血圧や心拍数などの生体情報と病歴をリンクさせ、健康状態のモニタリングや服薬管理などを電子的に行う例などがあります。超高齢化社会において、医療の質を確保しつつ医療費を抑える方策として活用が期待されています。

[TOPIC 2]
医療支援への活用例
医療支援としては、AIによる医用画像診断、医師に代わり投薬判断など一次的な診療を行うシステム、医療用装置や器具をネットワークに接続して患者の状態をリアルタイムで収集するシステム、検査・処方・診療を統合する電子カルテなどがあります。

関連用語 ▶▶ ウェアラブル → p.134、人工知能（AI）→ p.194、IoT → p.147

046

Education + Technology

ITを使っていろいろな学び方を実現する
教育テック（EdTech）
きょういく　エドテック

POINT
- ▶ 教育（Education）とテクノロジー（Tech）をつなげた造語
- ▶ ITの教育への活用ともいわれ、幅広い教育分野をカバーする
- ▶ アメリカ教育コミュニケーション工学会（AECT）がEdTechを提唱した

第2章 ニュース

解説　ITとインターネットを使い、教育手法を電子化する取り組みの総称です。教材の電子化やコンピューターやタブレットを用いた授業など教育環境のIT化、インターネットによるオンライン授業（eラーニング）など教育方法のIT化、カリキュラム進捗管理や履修記録管理など教育支援業務のIT化、などに分類されます。工学技術を教育に利用する用語として提唱されました。

[TOPIC 1]
一気に普及したオンライン教育
新型コロナウイルスの感染対策として、世界中で学校が休校になり、オンライン授業が積極的に取り入れられました。有効性の確認が進んだ半面、オンライン環境の有無による生徒間格差や、オンラインに適したコンテンツの充実などが課題です。

[TOPIC 2]
AIの活用
生徒の応答から理解度を判定し個別にフィードバックする、生徒からの質問に対しレベルに合わせて答えるなど、AIを活用した学習内容や進度のパーソナライズが広まっています。また24時間いつでも質問に対応可能なこともAIの利点です。

関連用語 ▶▶ オンライン授業 → p.026、ICT → p.049、アダプティブ・ラーニング（適応学習）→ p.064

063

047

Adaptive Learning

ITを活用した生徒別のカリキュラム
アダプティブ・ラーニング（適応学習）

POINT
- ▶ 生徒一人一人の理解度に合わせた学習内容をAIやITが提供する
- ▶ 生徒の理解度を、各種のデータを使いAIが判定
- ▶ 同じ手法を社員個別の能力開発や育成に応用できる

解説　AIやIT技術を活用し、生徒一人一人の理解度に合わせた学習内容を提供する教育のことです。例えば、ラーニング・アナリティクス（▶1）により生徒の理解度を客観的に判定し、その結果に応じた適切な課題を与えることで、効率的・効果的な学習を目指します。従来の、生徒それぞれの学力に合わせた個別指導による教育と同じ主旨ですが、その実現にITを活用します。

[TOPIC 1]
ラーニング・アナリティクス
教育に関するビッグデータの解析とその活用、という意味です。従来は担任が行っていた個々の生徒の理解度判定を、生徒ごとのテスト結果や学習履歴からなるビッグデータのAIによる分析に置き換え、より客観的に弱点やその原因を判定します。

[TOPIC 2]
社員教育への応用
アダプティブ・ラーニングの手法は、社員ごとの資質や性向を分析して人材教育を行うタレント・マネジメント（個人別の職業能力開発）に応用できます。生産性が高い社員や離職者のグループを分析し、社員の育成や引き止めに活用します。

関連用語 ▶▶ 人工知能（AI）→ p.194、ビッグデータ → p.199

048

Open Education

誰にでもオープンな高等教育の授業
オープン・エデュケーション

POINT
- ▶ オンラインで行う無料の高等教育のこと
- ▶ 個人だけでなく、社会全体の知識の底上げに役立つと考えられる
- ▶ 農業技術の普及のための、公開市民講座がその原型

解説 オンラインで行われる、基本的に無料の教育のことです。大学などの高等教育を教育内容に想定しています。オープン・エデュケーションによる高等教育の普及と生涯学習機会の提供は、社会全体の知識基盤の強化に役立つと考えられています。オープン・エデュケーションの始まりは、60年代のアメリカで人種差別抗議の座り込みに参加した学生の自主学校といわれます。

[TOPIC 1]
3つの「オープン」

オープン・エデュケーションは、無償のオンラインシステムを使ったオープン・テクノロジー、無償の教育内容を使うオープン・コンテンツ、そして無償で知識や経験を学べるオープン・ナレッジの、3つのオープンから成り立つといわれます。

[TOPIC 2]
オープン・エデュケーションの教材

オンラインで利用できるオープン・エデュケーションの教材は、オープン・エデュケーション・リソース（OER）と呼ばれます。OERの例には、講義ビデオ、電子教材やソフトウェア、掲示板や参加者相互で意見交換するコミュニティサイトなどがあります。

関連用語 ▶▶ MOOCs → p.024、オンライン授業 → p.026

065

049

Digital Divide

情報の差が生活の質を左右する
デジタルディバイド

POINT
- ▶ 情報を持つ者と持たない者の間に生まれる格差のこと
- ▶ 情報の量と質の違いが、個人間、世代間、地域間、国家間の差を広げる
- ▶ パソコンを使えないことも就労や業務で格差となりうる

解説 情報や、情報にアクセスするための通信手段を持つ者と持たない者との間に生じる、格差のことです。例えば新幹線の最後の1席を営業時間外に予約したいとき、ネットを使える人は使えない人に先んじて予約できるという差が生じます。この格差は、個人が利用できるネット環境の違いから、国のITインフラやIT教育の違いまで、重層的な原因の積み重ねで生じます。

[TOPIC 1]
深刻な影響
得られる情報の内容・量・正確さの違いが、個人間や世代間の格差となり、さらには地域間や国家間の格差にまで負の連鎖として広がるといわれます。例えば緊急時に情報を得る手段としてネットを使えるかどうかで、生死を分ける可能性があります。

[TOPIC 2]
新たなデジタルディバイド
スマホなどの携帯デバイスの普及により、パソコンを使えない世代が生まれています。ビジネスに不可欠なパソコンを使った業務に不慣れなことが、就労や担当できる業務の制約となり、新たなデジタルディバイドになりかねないと指摘されています。

関連用語 ▶▶ ICT → p.049

050

On Demand

必要なときに必要なだけ手に入れる
オンデマンド

POINT
- ▶「必要なときに手に入れる」という性質のサービスで使われる言葉
- ▶ 見たいときに見たい動画を再生できる YouTube が代表例
- ▶ オンデマンドなサービスは、ネット配信以外にも広がっている

必要なときに必要なだけサービスを受ける

解説 デマンドは要望のことで、オンデマンドは「必要なときに手に入れる」という意味で使われます。テレビは、決まった日時に決まった番組を放送するのに対し、視聴者が見たいときに見たい動画を再生できるYouTubeは、オンデマンドです。YouTubeのようなネット配信以外にもIaaSやUberなど、オンデマンドの発想を取り入れたサービスがあります（▶1）（▶2）。

[TOPIC 1]

IaaS

IaaS（インフラストラクチャ・アズ・ア・サービス）は、クラウド内のCPUやメモリ、ディスクドライブなどのコンピューターのハードウェア資源を、必要なときに必要なだけ提供するというサービスで、やはりオンデマンドサービスの一種です。

[TOPIC 2]

Uber

アプリで呼べば近隣の車を配車するUberは、車種やドライバーの評価まで選べ、一人一人に最適化された「必要なときに手に入れる移動手段」と言えます。これに対して、運行スケジュールが決まっている電車やバスは、従来のテレビ放送に相当します。

関連用語 ▶▶ SaaS、PaaS、IaaS、DaaS → p.145、Uber → p.304

067

051

Business/Consumer to Business/Consumer

売る人と買う人の関係です
B2B、B2C、C2B、C2C
ビートゥビー　ビートゥシー　シートゥビー　シートゥシー

POINT
- 電子商取引（EC）におけるサービス提供元と提供先の関係を表す
- Bは企業、Cは個人、数字の2は英単語の"to"の意味
- 近年はC2BやC2Cのような、個人がサービス提供元になる形態が増えている

解説

いずれも、電子商取引（EC）におけるサービス提供元と提供先の関係を表します。Bは企業、Cは個人、数字の2は英単語の"to"の意味です。例として、B2Bは家電メーカーから量販店に商品を売るサービス、B2Cは量販店から個人に商品を売るサービスを意味します。ITの普及により、C2BやC2Cのような、Cがサービス提供元になる新たな形態（▶1）が広がりました。

[TOPIC 1]
C2C と C2B
C2Cは、オークションサイトやフリマアプリなどです。オークションでは、個人が流通業者や製造業者として物やサービスを販売しています。C2Bは、個人がリサイクルショップに商品を販売する場合や、有料でのアンケート回答などが当てはまります。

[TOPIC 2]
取引システムのタイプ
①楽天・Amazon：出店者から販売手数料他を徴収、②メルカリ：個人間売買の取引成立で商品代金の一部を手数料として徴収、③アフィリエイト：個人のブログなどに広告を貼り、広告主は商品が売れた分だけブログ主とプラットフォームに広告料を支払います。

関連用語 ▶▶ EC → p.180

052 オープンイノベーション

Open Innovation

みんなの力を合わせて新たなものを生み出そう

POINT
- 自社だけでなく外部の組織が持つ知識・技術を取り込んだ製品開発
- 自前主義を脱却し、企業に革新（イノベーション）をもたらす取り組み
- 他の組織と成果を上げるためには、企業側の意識改革がポイント

解説 企業内では生まれないような、外部の大学やスタートアップ企業などが持つ技術・アイデアなどを活用し、新たな製品・マーケットを生み出すことです。逆に、企業では活用が難しい技術やアイデアを外部に提供し、外部が主体となって活用する場合もあります。森永製菓の、おかしのパッケージにオリジナル画像を印刷できる「おかしプリント」などの例があります。

[TOPIC 1]
企業側の意識と課題

多くの企業経営者が、オープンイノベーションの必要性を感じています。しかし実際の取り組みにおいては、自社の弱みの分析不足・不明確な目標・単なる外注や業務委託への変質などの課題が指摘されており、企業側の意識改革が求められています。

[TOPIC 2]
オープンイノベーションの始まり

カリフォルニア大学バークレー校のヘンリー・チェスブロー教授が、2003年に提唱しました。彼が企業のマネジャー時代に経験した、技術革新に対する産業界と大学の意識の大きな違いと互いの無関心さに対する不満が、その始まりだと語っています。

関連用語 ▶▶ なし

053

Chief Information Officer

企業情報の総責任者
CIO
シーアイオー

POINT
- チーフ・インフォメーション・オフィサー（最高情報責任者）の略語
- CIO は企業の IT システム全体の責任者
- CIO には、既存のビジネスを支える IT の管理・運用が求められる

解説 最高情報責任者という役職の名前です。企業のITシステム導入拡大により、IT担当役員の肩書きとして一般的になりました。CIOの役割は、経営戦略に沿った企業内の売上・製造データ管理や、各種業務システムの自動化とIT化の立案と実行です。多くの場合、情報セキュリティや運用中のシステムの保守も担当します。いわば、今のビジネスを動かすITの責任者です。

[TOPIC 1]
CIO と CDO の住み分け

CIO と CDO の両者がいる企業では、CIO はビジネスを支える守りの IT 責任者、CDO はビジネスを創造する攻めの IT 責任者、との言い方があります。実際には企業ごとの定義によるので、厳密な境界はありません。また CIO が CDO を兼務することもあります。

[TOPIC 2]
イノベーションの I

CIO は、イノベーション（Innovation）の I を取った、最高革新責任者の役職名でも使われます。この場合は、革新的な技術・商品・業務プロセスを生み出す責任者で、CDO とも役割が重複します。なお Information と区別するため、CINO と呼ぶ場合もあります。

関連用語 ▶▶ CDO → p.021

070

054

Supply Chain Management

物やサービスの流れを実現する
SCM（エスシーエム）

POINT
- ▶ サプライチェーン・マネジメント（供給連鎖管理）の略語
- ▶ 仕入れから販売まで、製品に関わる一連の流れを管理すること
- ▶ 通常、サプライチェーン全体は複数の企業で構成される

解説

企業が自社製品やサービスに関する、社内および社外につながる一連の流れを管理することです。例えば製造業の場合、原材料の調達・生産状況・工場の在庫量・物流の状況・販売量など、製品が流れる過程で発生する情報を収集し、流れが最適となるようにコントロールします。精度の高いSCMの実現には、企業間でデータを流通する協力関係も必要となってきます。

[TOPIC 1]
トヨタの「かんばん」

SCMの考え方がよくわかる例に、トヨタの生産方式の「かんばん」があります。この方式では、工程ごとに必要となる部材を書いた「かんばん」の情報を元に、生産に必要な分の部品の調達と配送をコントロールし、生産の効率化を行っています。

[TOPIC 2]
過度なSCMのリスク

SCMで全体効率化を目指すあまり、それが行きすぎて売れない物を排除するといった、供給者視点が強くなりすぎるリスクがあります。また、あまりに緻密なSCMのコントロールは、突発的な停電や事故の発生時に柔軟な対応が困難となるリスクもあります。

関連用語 ▶▶ なし

055

Business Process Re-engineering / Business Process Management

仕事のやり方をもう一度考えよう
BPR と BPM
（ビーピーアール）（ビーピーエム）

POINT
- ▶ BPR、BPM とも、業務の抜本的な改革を目標とした経営活動を表す言葉
- ▶ BPR は業務の IT 化による抜本的な業務改革
- ▶ BPM は BPR の進化版で、業務改革を継続的に行う手法

解説　BPRは1990年代に登場したIT化による業務改革のことで、企業の目標を明確にし、業務内容・業務フロー・組織の抜本的な再構築を行います。BPRは注目を浴びたものの、単発的な業務改善と捉えられ下火になりました。次に現れたのがBPMで、業務プロセスの可視化・再設計・実行・改善を1サイクルとして改善を継続的に行う手法です。業務改革のPDCAともいわれます。

[TOPIC 1]
BPR の事例
フォード自動車の例では、支払い部門の人員コスト削減が必要となったため、調達プロセス全体を変革し、納品時に自動的に支払いを実行するシステムを導入しました。表面的な人員削減ではなく、一歩踏み込んだ業務自体の改革が BPR に当たります。

[TOPIC 2]
BPM の事例
BPM は、中長期かつ継続的な業務改革活動の策定と定着を行います。スポーツ用品メーカのアディダスは、2〜4週間のサイクルで2年間継続して回し続ける BPM を、23 の業務改善プロジェクトで並行して実施し、多数の成果を上げたといわれます。

関連用語 ▶▶ PDCA → p.166、BI → p.177

第 3 章

基本

コンピューターがわかる
基本用語

056

Central Processing Unit

コンピューターの頭脳です
CPU
シー ピー ユー

POINT
- ▶ コンピューターの頭脳
- ▶ CPUはソフトウェアの指示に従い計算や処理を行う
- ▶ アプリが動く電子機器の中に必ず使われている

解説 CPUは中央演算処理装置と呼ぶ、コンピューターの頭脳となる、数センチ四方の大きさの電子デバイスです。スマホやカーナビ含め、「ソフト」や「アプリ」が動く電子機器に必ず入っています。CPUはソフトウェアの命令を読み込んで、その指示に従いデータの入出力や計算処理を行います。スマホを使っていてCPUを気にしたりはしませんが、中に無ければただの箱です。

[TOPIC 1]
パソコンの最重要部品
多くのパソコンのカタログで、仕様一覧の一番上に書いてあるのがCPUのメーカー名・品名・クロック速度などの性能情報です。CPUの処理性能はパソコンの性能と直結していて、高性能なCPUを使う速いパソコンほど価格も高くなります。

[TOPIC 2]
GPU
CPUに似た名前の、GPU（グラフィックス・プロセッシング・ユニット）と呼ぶ画像処理用のCPUがあります。GPUは並列計算用に設計され、画像データに含まれる大量の画素データを同時に処理する画像処理などを得意とします。

関連用語 ▶▶ クロックとコア → p.075、NVIDIA → p.308

057

Clock / Core

コンピューターを動かす時計と頭脳の数

クロックとコア

POINT
- ▶ クロックはコンピューターを決まった速度で動かす信号のこと
- ▶ コアはCPUの中に入っている演算処理部のこと
- ▶ クロックが速くコアが多いほどコンピューターの性能が高くなる

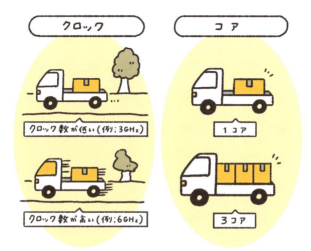

解説 クロックはCPUを動かす基準となるタイミング信号のこと、コアはCPUの中にある演算回路のことです。いずれもCPUの処理性能に関係します。コンピューターのすべての処理はクロックに同期して行われ、クロックが速いほど処理性能が向上します（▶1）。一方のコアは、CPUの中の頭脳の数に当たり、コアの数の分だけ処理を並行して行えるので、性能が向上します。

[TOPIC 1]
クロックの高速化の限度
クロックをどんどん高速にしてCPUを動かすと、CPUが発熱で高温になりすぎ、最後には動かなくなります。これまでも高速化に合わせて冷却も強化されてきましたが、今の方法の延長では、これまでのような高速化は難しくなってきています。

[TOPIC 2]
マルチコアのメリット
例えばWord・Excel・PowerPointを同時に作業する場合、1コアでは短時間でアプリを切り替えながら処理します。3コアあれば、各コアが分担して特定のアプリの処理に専念できるので、単純に3倍とはならないまでも、処理性能は各段に向上します。

関連用語 ▶▶ CPU → p.074、ムーアの法則 → p.077

058 集中処理と分散処理

Centralized Processing / Distributed Processing

一人で仕事するコンピューターとみんなで一緒に仕事するコンピューター

POINT
- ▶ コンピューターシステムの処理形態のこと
- ▶ 集中処理は1台で全部処理するのでデータ管理が容易
- ▶ 分散処理は複数台で処理を分担するので処理時間を短縮できる

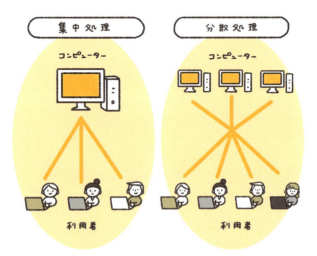

解説

集中処理は1台または少数のコンピューターで集中して処理を行い、分散処理は多数のコンピューターで協調して処理を行うことです。集中処理では1台のコンピューターの性能が処理の限界となることから、複数台で全体の処理能力を高める分散処理が生まれました。コストの兼ね合いもあり、集中処理に取って代わるというより、状況に応じて使い分けられています。

[TOPIC 1]
集中処理のメリット・デメリット

データの一元管理や、機密保持が容易なのがメリットです。デメリットは、処理時間が長くなり、コンピューターがダウンしたときの影響が大きいことです。一般に、事務処理系のデータ管理機能には、集中処理が向いているといわれます。

[TOPIC 2]
分散処理のメリット・デメリット

分散方法にはクライアント/サーバー型の分散や複数の対等なサーバーによる分散などがありますが、いずれも処理時間の短縮がメリットです。デメリットは台数増によるコストの上昇、セキュリティ対策や運用管理が複雑になることです。

関連用語 ▶▶ クライアント/サーバーシステム（C/Sシステム）→ p.171

059 ムーアの法則

Moore's Law

2年で2倍になる増え方の法則

POINT
- ▶ 大規模集積回路（LSI）のトランジスタ数が2年で2倍になる法則
- ▶ トランジスタ数が2倍になれば性能が2倍または、価格が半分になる
- ▶ Intel 創業者のゴードン・ムーアが提唱した

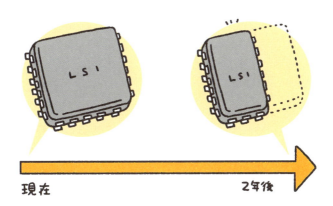

現在　　　　2年後

解説

大規模集積回路（LSI）の中のトランジスタの数が、2年で2倍になる法則です。LSIとは、数ミリから数センチ角程度の四角い半導体素子のことです。1965年に、Intelのゴードン・ムーアが提唱しました。ある年のLSIの中に入るトランジスタの数が100個とすると、技術の進歩により2年後には同じサイズのLSIの中にトランジスタが200個入ることを意味します。

[TOPIC 1]
複利計算

ムーアの法則は、2年で2倍になる複利計算ということです。はじめが100とすると、2年ごとに 100 → 200 → 400 → 800 → 1,600 と増えます。単純にいうと、同じ価格なら2年ごとに性能が2倍に、同じ性能なら2年ごとに価格が1/2になります。

[TOPIC 2]
ムーアの法則の限界

ムーアの法則が続くには、LSIの中の配線の幅を限りなく細く作る、超微細加工技術と半導体製造技術の革新が必要です。しかし、配線の幅が物理的にゼロになることはあり得ないので、ムーアの法則も限界に近づいていると考えられています。

関連用語 ▶▶ Intel → p.311、ゴードン・ムーア → p.320

Input / Output

060 コンピューターへの入り口と出口
入力と出力

POINT
- ▶ 入力は、データがコンピューターに入って来る方向
- ▶ 出力は、データがコンピューターから出ていく方向
- ▶ 1つの端子で入力と出力の両方ができるものもある

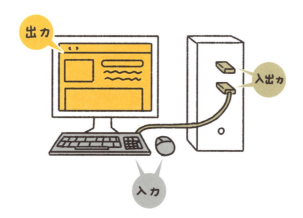

解説 入力は、コンピューター外部の機器からコンピューターに与える、コンピューター処理させるデータや指示などの情報です。その逆が出力で、コンピューターが外部機器に送信する情報です。両者をまとめて、入出力やI/O（アイオー）と呼びます。入力や出力を行う機器が入出力装置（▶1）で、それら外部装置とコンピューターの接続箇所が入出力インターフェース（▶2）です。

[TOPIC 1]
入出力装置
入出力装置には、入力用・出力用・入出力両用があります。マウスやキーボードはコンピューターを操作するデータを入力する入力装置、モニターはデータを表示する出力装置、USBメモリはデータの読み書きを行う入出力装置です。

[TOPIC 2]
入出力インターフェース
入出力インターフェースとして、キーボードなどをつなぐUSBや、モニター用のHDMI、LANケーブル用コネクタなどがよく使われています。インターフェースごとに、形状やピンの用途の割り当て、通信の手順と速度などが、標準として規定されています。

関連用語 ▶▶ USB → p.096、HDMI → p.099

061

Cache

データをすぐに使える CPU 内のメモリ
キャッシュ

POINT
- ▶ CPU の中に組み込まれ、データをすぐに使えるメモリ
- ▶ CPU が外部のメモリからデータを読む時間を短縮するために使う
- ▶ Web ブラウザにも既に見たページを保存するキャッシュがある

解説 CPUの中（▶1）に組み込まれたメモリの名前です。CPUは、命令やデータをメモリから読み出して処理しますが、読み出しには一定の時間がかかります。この読み出し時間を短縮するのがキャッシュの役割です。あらかじめ必要なデータをCPU内に読み込み、すぐに使えるように用意しておきます。キャッシュにはL1、L2のレベルがあり、数字が小さいほど速く読み出せます。

[TOPIC 1]
キャッシュの場所
CPU の中の電子回路の一部をメモリ部品として加工し、キャッシュに使用します。キャッシュは数回分の処理に必要なデータを記憶できればよいので、比較的小さいサイズで済むため CPU に内蔵できるのです。

[TOPIC 2]
ブラウザのキャッシュ
Web ブラウザでもキャッシュという用語があります。こちらはブラウザがすぐに使えるデータという意味で、既に閲覧したページのデータを記憶します。インターネットの通信速度の影響を受けずに、一度見たページを素早く見るための工夫です。

関連用語 ▶▶ CPU → p.074

079

062 スタックとキュー

Stack / Queue

一時的にデータを記憶し取り出す方法

POINT
- データを一時的に保存する方法のこと
- スタックはデータを積み上げていき、積み上がった上から使う
- キューはデータを一列に並べていき、早く並べた順から使う

解説　スタックとキューは、どちらも一時的なデータの保存と取り出し方の名前です。スタックは、データが入力された順にどんどん積み上げていき、使うときには積み上がった一番上のデータから順番に取り出します（▶1）。キューはビリヤードの玉突きが語源で、データが入力された順に一列に並べていき、列の先頭のデータから順番に取り出します（▶2）。

[TOPIC 1]
スタックの動作
スタックの動作の特徴を、ラストイン・ファーストアウト（LIFO）と呼びます。Wordで文書を作成中に「元に戻す」の機能を使うと、直前に実行した入力や削除を元に戻せます。つまり、作業するごとに内容をスタックの上に積み、戻すのも上からです。

[TOPIC 2]
キューの動作
キューの動作の特徴を、ファーストイン・ファーストアウト（FIFO）と呼びます。レジで並ぶときの行列の進み方と同じです。プリンターの印刷では、CPUが印刷データを一度キューに入れ、プリンターは印刷可能になるとキューからデータを取り出します。

関連用語 ▶▶ バッファとスプール → p.081

063

Buffer / Spool

データの一時荷物預り所
バッファとスプール

POINT
- ▶ データを一時的に保存する機能のこと
- ▶ バッファは処理中の一時的な置き場、スプールは速度調整の入れ物
- ▶ バッファはスタックとキューを使い分け、スプールはキューを使う

解説 どちらもデータを一時的に保存する機能ですが、使い方に違いがあります。バッファは、処理中のデータを一時的に保存します（▶1）。YouTubeの動画が途中で止まるのは、再生するデータをバッファに溜めているためです。スプールはコンピューターと周辺装置の処理の速度差の調整を行います。プリンター印刷は動作が遅いので、調整用にスプールを使います（▶2）。

[TOPIC 1]
バッファの例
マウスやキーボードなど入力機器からデータを読み込む入力バッファ、データを外部機器に書き出す出力バッファ、CD/DVDドライブなどの内部にあるドライブバッファ、ソフトウェアがコマンド制御に使うコマンドバッファなどがあります。

[TOPIC 2]
スプールの動作
コンピューターはプリンターより格段に処理が速く、プリンターの応答を待つとその間は何もできません。コンピューターはスプールに印刷データを一括して送ることで、印刷の仕事を終わらせ、プリンターは自分のペースでスプールのデータを印刷します。

関連用語 ▶▶ スタックとキュー → p.080、入力と出力 → p.078

064

Resource

パソコンの中の資源
リソース

 POINT
- ▶ プロジェクト管理対象や、コンピューター資源など複数の意味がある
- ▶ ソフトウェアのリソースは CPU やメモリなど
- ▶ ソフトウェアはリソースを確保できないと動かない

解説 　何かを行うときに、必要とする資源のことです。ITに関しては、次の3つの使い方があります。①ITプロジェクトの計画立案や実行時の、いわゆるヒト・モノ・カネを指した使い方、②コンピューターシステムが利用できる、ハードウェアとソフトウェアの総称、③ソフトウェアが動作するときに使うCPUやメモリなど。使用されている文脈で、どの意味かがわかります。

[TOPIC 1]
ソフトウェアのリソース確保

人が行う作業なら、人員や道具の不足時も、できる部分から着手するなど柔軟に対応できます。一方、ソフトウェアは処理を行うのに必要なメモリや通信のリソースが確保できないと中断やエラーで終了となるので、リソースの確保が重要です。

[TOPIC 2]
リソースの確保と排他制御

コンピューター内では、複数のソフトウェアが同時に動作しています。それぞれのソフトウェアは、自分が使用しているメモリなどのリソースに目に見えないフラグ（旗）を立て、排他制御と呼ぶ他のソフトウェアとの衝突を避ける調整を行っています。

関連用語 ▶▶ CPU → p.074

065 プロセス

Process

CPUが処理する一連の仕事

POINT
- ▶ プログラムの実行単位のこと
- ▶ OSはプロセス管理機能を持ち、リソースの確保や解放を行う
- ▶ 同じプロセス内の異なる処理を並列に実行するのがスレッド

解説　プログラムの実行単位のことです。例えば、Wordは複数の文書を同時に開いて、それぞれの文書を独立して編集できますが、この一つ一つの文書の編集がプロセスに当たります。OSにはプロセス管理機能があり、アプリの起動時にプロセスの生成と必要なメモリなどのリソース確保を行い、次に実行状態を管理し、プログラムの終了時はリソースの解放を行います。

[TOPIC 1]
スレッド
プロセスの中には、1つのプロセスの中の異なる処理を並行して実行するための、スレッドという仕組みがあります。例えば、Wordで非常に大きな文章を作成しているとき、文書の保存を行いながら文字入力も並行して行えるイメージです。

[TOPIC 2]
固まるとデータが無くなる理由
コンピューターやプログラムが「固まる」ことで、正常に終了できなかった経験はありませんか？　こうなると強制終了しか手がありません。強制終了と同時に確保したメモリを解放するので、作業中のすべてのデータも同時に消えてしまいます。

関連用語 ▶▶ CPU → p.074、リソース → p.082、タスク → p.084

066

Task

OS から見た仕事の単位
タスク

POINT
- ▶ コンピューターの処理の最小作業単位
- ▶ マルチタスクは CPU 処理を細切れにして複数タスクを並行処理する
- ▶ 実際にはプロセスと混用されたりして、それほど厳密な用語ではない

解説 コンピューターの実行単位や最小作業単位の意味です。例えばキーボードに入力した文字が画面に表示されるまでの一連の処理をジョブと呼ぶとき、このジョブはさらに複数の、キーボードの信号を拾う・キーを判別する・対応する文字データを用意する・画面に表示といった、ジョブステップに分割されます。これらジョブステップをさらに細分化した作業がタスクです。

[TOPIC 1]

マルチタスク

1つの CPU が、複数のタスクを並行して処理することです。タスク管理機能が、各タスクの CPU 利用時間を非常に短い間隔で切り替え、全体としては複数のタスクを並行して実行します。マルチプロセスと説明される場合もあります。

[TOPIC 2]

Windows のタスクマネージャー

Windows ではプロセスのことをタスクと呼んでいて、タスクマネージャーは Windows 上のすべてのプロセスの CPU やメモリの使用量などをモニタリングします。読者のみなさんが使う可能性があるタスクマネージャーの機能に、固まったアプリの強制終了があります。

関連用語 ▶▶ OS とアプリケーションソフトウェア → p.086、CPU → p.074、プロセス → p.083

067 Basic Input Output System / Universal Extensible Firmware Interface

コンピューターを動かす縁の下のソフトウェア
BIOSとUEFI
バイオス　　ユーイーエフアイ

POINT
- ▶ パソコンのハードウェアを動かすパソコンごとの専用ソフト
- ▶ パソコンを立ち上げてすぐのメーカー名表示はBIOS起動中の印
- ▶ UEFIは以前のBIOSの制約を取り除いた、新たなBIOSの名前

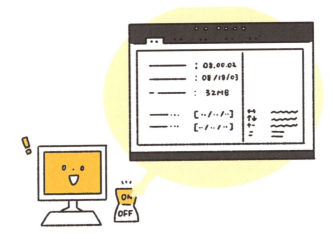

解説 コンピューターのCPU・キーボード・モニター・ハードディスクなどのハードウェアを動かす専用のソフトウェアです。BIOSは電源が入ると同時に起動し、これらのハードウェアを使える状態にしてからOSを動かすのが役割です。UEFI（▶1）は、このBIOSの機能拡張版です。どちらもハードウェアを直接操作するので、基本的にコンピューターの製品ごとに用意されます。

[TOPIC 1]
UEFI
従来のBIOSには、2テラバイト以上のハードディスクを扱えないなどの機能上の制約がありました。この改善のため、BIOSの規格として新たにUEFIという名前の仕様を加えました。一般的には、UEFI対応のBIOSのことをUEFIと呼んでいます。

[TOPIC 2]
BIOSの起動
パソコンを立ち上げると、すぐに画面にメーカー名が表示されるのを見たことがあると思います。このとき、パソコンの中では、BIOSが動作しています。ここで、メーカーごとに決まったキー（F1やF2）を押すと、BIOSの設定画面が表示されます。

関連用語 ▶▶ CPU → p.074、OSとアプリケーションソフトウェア → p.086、HDDとSSD → p.093

068 OSとアプリケーションソフトウェア

Operating System / Application Software

コンピューターのインフラのソフトとサービスのソフト

POINT
- ▶ OSはコンピューターを動かす基本ソフト
- ▶ アプリケーションはOSの上で動く、特定の仕事のためのソフト
- ▶ OS同士は基本的に互換性がなく独立している

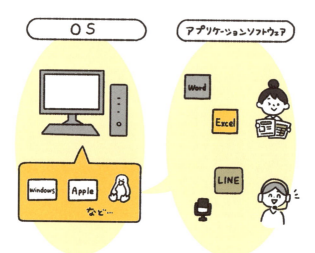

解説 OSはコンピューターやスマホを動かす基本ソフト、アプリケーションソフトはその上で動くWordやExcel、電子メールやLINEのような特定の仕事を行うソフトです。電気や水道、道路などのインフラがOS、その上で活動する産業やビジネスがアプリケーションソフトという関係です。OSがコンピューター全体を管理し、アプリケーションが利用できるようにします。

[TOPIC 1]
代表的なOS
現在使われている代表的なOSには、Windowsを筆頭にiOS（macOS）、UNIX、Linux、Androidなどがあります。UNIXを元に作られたLinuxはUNIXと互換性がありますが、それ以外のOS同士は起源もその後の発展も独自なので、互換性はありません。

[TOPIC 2]
はじめは一体だった
コンピューターが誕生した当初は、OSとアプリケーションは一体でした。アプリケーションが複雑化すると、モニタープログラムと呼ばれるコンピューターの状態を監視するソフトが生まれ、それが発展して、複雑な処理を行えるOSとなりました。

関連用語 ▶▶ AndroidとiOS → p.087

Android / iOS

069

スマホを動かすソフトウェア
AndroidとiOS
アンドロイド　アイオーエス

POINT
- ▶ モバイル端末用のOS（オペレーティングシステム）の名前
- ▶ AndroidはGoogleが開発し、アプリの自由度が強み
- ▶ iOSはAppleが開発し、アプリの統一感が強み

解説　どちらもモバイル端末用のOS（オペレーティングシステム）の名前です。Androidは、Googleが開発し、iOSはAppleが開発しました。ユーザーから見たとき、使い勝手の面で両者の間に目立った違いはありません。iOSのアプリはAppleでの正式な登録が必要なので、操作に統一感があるといわれます。逆に、Androidはユーザーが自由にカスタマイズできる範囲が広いといわれます。

[TOPIC 1]
スマホの文字入力方法
スマホに特化した文字入力方法として、フリック（上下左右に動かし文字を選ぶ）やトグル（複数回押して文字を選ぶ）と呼ぶ文字選択や、少ない入力文字数で入力語を予測する予測変換、音声認識入力など、複数の入力方法をサポートしています。

[TOPIC 2]
マーケットシェア
アメリカの調査会社の調査では、2021年の全世界のモバイルOS市場で、Androidが約73%、iOSが約27%と、2つのOSだけでほぼ世界全部のシェアを占めます。ただし日本はiOSのシェアが約69%と逆転し、スマホにiPhoneを好む傾向があります。

関連用語 ▶▶ OSとアプリケーションソフトウェア → p.086、Apple → p.298、Google → p.296

File / Directory

070 データを入れる書類とその保管場所
ファイルとディレクトリ

POINT
- ▶ ファイルはコンピューターがデータを管理する最小単位
- ▶ ディレクトリはファイルを管理する整理箱の役割
- ▶ ファイルの種類は末尾のアルファベット（pdfやxlsx）で区別できる

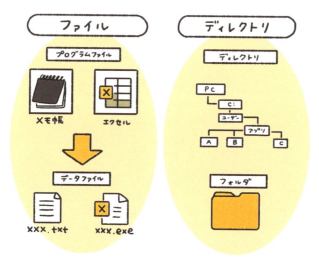

解説 ファイルはコンピューターがデータを管理するための単位です。ディレクトリはファイルを格納する場所で、フォルダとも呼びます。Wordの文書ファイルのような、ひとまとまりのデータを集めた単位をファイルとして扱います。ディレクトリは、コンピューターの中でファイルを置く場所を整理したり、複数のファイルをまとめて管理したりするのに使います。

[TOPIC 1]
ファイルの種類
ファイル名の末尾には、「.exe」や「.xlsx」などの拡張子と呼ぶファイルの種類を示す情報があります。ファイルの種類を大別すると、アプリケーションなどのプログラムファイルと、アプリケーションが利用するデータファイルに区別されます。

[TOPIC 2]
フォルダとディレクトリ
基本的に同じものです。フォルダは、Windowsのエクスプローラーのように視覚的にファイルの保存場所が見える場合に使われ、ディレクトリは、Windowsのコマンドプロンプトのように文字として保存場所を扱う場合に使います。

関連用語 ▶▶ コマンドプロンプト → p.109

071

Registry

Windowsが正しく仕事するためのファイル
レジストリ

POINT
- ▶ Windowsが管理するOS自身やアプリなどの設定情報ファイル
- ▶ ログオンするユーザーごとにアプリの設定などを変えられる
- ▶ レジストリを勝手に変更するとパソコンが動かなくなることも

解説 システム情報を一括して保存する、Windows OSが管理するデータベースです。Windows自身やアプリケーション、ハードウェアの情報などを、レジストリの中にまとめて管理しています。Windowsがアプリケーションやハードウェアを起動するときにレジストリの値を使うため、間違えて書き換えると正常に動かないこともあり、ユーザーから見えない場所に保存されています。

[TOPIC 1]
レジストリ編集ツール
レジストリに問題が起こり、手動でしか修正できないときのために、レジストリエディタという編集ツールが用意されています。このツールでレジストリの値を書き換えられますが、内容を正確に理解せずに値を変更するのは非常に危険です。

[TOPIC 2]
レジストリのメリット・デメリット
Windowsにログオンするユーザーごとに、同じアプリの異なる設定を管理できるので、複数ユーザーでパソコンを共有しても、各自の環境を利用できるのがメリットです。デメリットは、やはり設定変更を間違えるとパソコンが動かなくなるリスクです。

関連用語 ▶▶ リポジトリ ➡ p.125

072

Backup

万一に備えて保管するデータの控え

バックアップ

POINT
- ▶ データが無くなったときに復旧するための控え
- ▶ データバックアップは業務データを複製して保管すること
- ▶ システムバックアップはシステム環境を丸ごと複製・保管すること

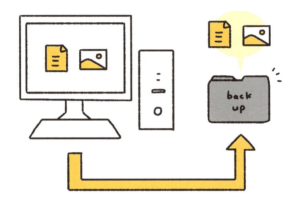

解説 コンピューター内のデータの「控え」です。バックアップを使い、データの破損や消失時に、失われたデータを復元します。データバックアップは、アプリが使用する文書ファイルや動画ファイルなどを保存し、システムバックアップでは、OSとアプリを含めたコンピューター内のシステム環境を丸ごと保存します。最近はクラウドがバックアップ先に利用されています。

[TOPIC 1]
復元ポイントと自動バックアップ
Windowsの復元ポイントは、自動バックアップをサポートするシステムバックアップです。自動バックアップにより、1週間などの一定間隔や、更新ソフトのインストール時、任意のスケジュール設定などで自動的にバックアップを作成し保存します。

[TOPIC 2]
セーブ(保存)とバックアップの違い
Wordなどの文書作成後に保存するセーブとバックアップは、異なる機能です。セーブはある時点のデータをファイルに書き込み内容を更新することなのに対し、バックアップはある時点におけるファイルのデータを丸ごとコピーして保管することです。

関連用語 ▶▶ OSとアプリケーションソフトウェア →p.092、RAID →p.100、クラウド →p.148

073

Storage Device

いろいろな種類のデータの入れ物
記憶装置

POINT
- ▶ データを保存する装置や部品の総称
- ▶ コンピューターに内蔵して使うものと外付けで使うものがある
- ▶ 記憶装置とメモリの違いは、主に外形や大きさによる

解説 データを保存する、電子機器や電子部品の総称です。記憶装置には、データを保存する目的によって形態・用途・方式・大きさなど、多くのバリエーションがあります。代表的なものに、コンピューター内部のRAMやROM、コンピューターに内蔵または外部に接続して使うHDD（ハードディスク）、コンピューターに挿入して使うUSBメモリやSDカードなどがあります。

[TOPIC 1]
主記憶装置と補助記憶装置
記憶装置を、主記憶装置と補助記憶装置で区別するとき、主記憶（メインメモリ）は直接CPUと高速なデータのやり取りができるDRAMなどのメモリを、補助記憶はHDDやCD-Rのような電源を切ってもデータが消えない大容量な記憶装置を意味します。

[TOPIC 2]
記憶装置の性能
主に、データを保存できる量を示す記憶容量（メモリ容量）と、どれだけ速くデータの読み出し・書き込みができるかを示すアクセス速度の2つを使います。「100ギガバイト」「1テラバイト」などは記憶容量の、「2400MHz」などは速度の表示です。

関連用語 ▶▶ RAMとROM → p.092、HDDとSSD → p.101、USB → p.096、RAID → p.094、NAS → p.095、CPU → p.074

Random Access Memory / Read Only Memory

074

CPUに無くてはならないメモリ
RAM と ROM

POINT
- CPUが直接アクセスするメモリ部品
- RAMはデータの読み書きを、ROMはデータの読み出しができる
- ROMは電源を切ってもデータが消えないのでパソコンの起動に使う

解説 いずれも、CPUが処理を実行するときに直接アクセスするメモリ部品のことです。人間の脳の短期記憶に近い役割を持ちます。RAMはランダムアクセスメモリのことで、データの書き込みと読み出しが可能です。ROMはリードオンリーメモリのことで、データの読み出しのみ可能です。電源を切ってもデータが消えないので、パソコンの起動に必須のBIOSなどを格納します。

[TOPIC 1]

RAMの種類

RAMには、DRAM(Dynamic RAM)とSRAM(Static RAM)があります。DRAMはコンピューター一般に使われるRAMで、一定時間ごとにデータを書き直す「リフレッシュ」が必要です。SRAMは特殊な産業用途で使われるRAMで、リフレッシュは要りません。

[TOPIC 2]

コンピューターの性能を左右する

動作中のCPUは、休みなくメモリにアクセスしています。そのため、CPUの処理量を増やすには、メモリへのデータの読み書き時間が速いほど良く、メモリのアクセス速度がシステム全体の性能へ大きな影響を与えます。

関連用語 ▶▶ CPU → p.074、BIOSとUEFI → p.085

075 HDD と SSD

Hard Disk Drive / Solid State Drive

大量のデータを記憶する装置

POINT
- 大容量記憶装置のこと
- HDD は大容量かつ低価格が強みだが、重量があり低速なのが弱み
- SSD は軽量で高速だが、HDD に比べ高価格なのが弱み

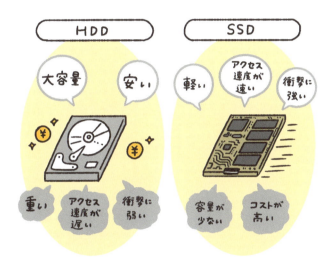

解説 どちらも、比較的容量の大きな記憶装置の名前です。RAMやROMと比較して、補助記憶装置とも呼ばれます。HDDの内部には磁石の性質を持つ磁気ディスクと呼ぶ円盤があり、データの0と1を磁界の変化で記憶しています。SSDは、HDDを置き換える目的で登場し、より高速で静かなことが特徴です。基盤の上に、フラッシュメモリ（▶2）を複数個並べて実現します。

[TOPIC 1]
HDD と SSD の違い
HDD には、大容量で記憶容量当たりの価格が非常に安いという長所と、重い・アクセス速度が遅い・衝撃に弱いなどの短所があります。SSD は軽い・アクセス速度が速い・衝撃に強いといった長所がありますが、容量やコストの点では HDD には及びません。

[TOPIC 2]
フラッシュメモリ
フラッシュメモリは書き換え可能な記憶素子です。電源を切っても、書き込んだデータが消えないことが特徴です。フラッシュメモリは、SSD だけでなく、USB メモリや SD カードの記憶素子としても使われています。

関連用語 ▶▶ 記憶装置 → p.091、RAM と ROM → p.092、NAS → p.095

076

Redundant Array of Inexpensive/Independent Disks

複数のディスクに保存してデータを守る
RAID（レイド）

POINT
- ▶ 複数のディスクを使って信頼性を高めた記憶装置
- ▶ 1つのディスクが故障しても、ファイルの完全消失を防げる
- ▶ 使用する信頼性技術の組み合わせにより、7段階のレベルがある

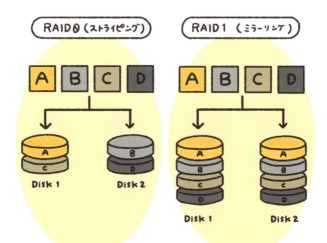

解説 物理的に複数のディスクを、1つのディスクとして扱う記憶装置です。1つの物理ディスク故障時に、保存したファイルの完全消失を防ぎます。1つのファイルを複数ディスクに分割して保存する「ストライピング」、保存したファイルのコピーを自動的に作成する「ミラーリング」、冗長符号を使ったデータ保護などの機能があり、組み合わせでレベル分けしています。

[TOPIC 1]

RAIDのレベル

RAIDには、0〜6の7段階があり、普及しているのは、RAID0（ストライピング）とRAID1（ミラーリング）です。大容量の製品ではRAID5（冗長符号による復元）、RAID10（RAID1とRAID0の組み合わせ）なども使われています。

[TOPIC 2]

ファイル消失を防ぐ方法

最も簡単なのは、同じファイルを2つのディスクに書き込むミラーリングです。この場合、1台の故障ならファイルは消失しません。また、パリティと呼ぶ冗長符号を加え、データが壊れても復旧できるようにする技術があります。

関連用語 ▶▶ フォールトトレランス → p.131

077 NAS

Network Attached Storage

ネットワークでつながった記憶装置
NAS（ナス）

POINT
- ネットワークに直接つなげて使うHDD
- 同じネットワークのユーザー間でファイル共有が手軽にできる
- ファイルごとのアクセス管理などが必要な用途には不向き

解説 ネットワーク（LAN）に直接接続する記憶装置です。一般にHDDの中にネットワークインターフェースカードを組み込んで、ルーターやスイッチなどのネットワーク機器に直接接続します。ネットワーク上にあるHDDと同じ感覚で、複数人のユーザー間でのデータ共有が手軽にできます。ただし、ファイルサーバー（▶1）のような、高度な管理が必要な使い方には向きません。

[TOPIC 1]
ファイルサーバー
ネットワーク上にある、ファイル共有専用のコンピューターです。共有フォルダやファイルのアクセス範囲、ユーザーごとのアクセス権限などを管理でき、多数のユーザーが同時にアクセスしても処理できる能力を持ちます。

[TOPIC 2]
Windowsの共有フォルダ
Windowsの共有フォルダ機能で自分のパソコンのフォルダを共有に設定すると、許可した他のユーザーがそのフォルダへアクセスできます。手軽ですが、使えるのがパソコンの起動中のみ、パソコン使用者が一方的に共有を切断できるなど制約もあります。

関連用語 ▶▶ HDDとSSD → p.093、LANとWAN → p.231

078

Universal Serial Bus

いろんな物をつなげる便利なコネクタ
USB
ユーエスビー

POINT
- ▶ いろいろな電子機器に使われている入出力コネクタ
- ▶ コネクタを挿すだけで動くので使いやすい
- ▶ 多数の異なる規格のコネクタを統一する目的で作られた

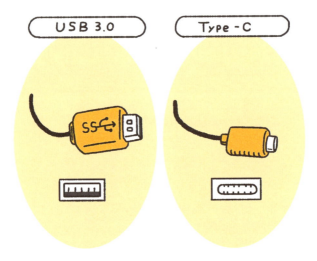

USB 3.0　　Type-C

解説　汎用シリアルバスとも呼ばれる、パソコンなどで広く使われている、汎用の入出力インターフェースです。通信速度とコネクタの形・大きさの違いから多くのバリエーションがあり、USB3.0のような「数字」で呼ぶときは通信速度を、Type-Cのような「タイプ」で呼ぶときはコネクタの形状を表します。またミニ/マイクロ（Mini/Micro）などは、コネクタの大きさを表します。

[TOPIC 1]
最新の USB
最新の iPhone や Android スマートフォンで使っている USB は Type-C と呼ばれ、上下の区別なくどちら向きでも挿せるタイプです。また最新規格の USB3.1 の第 2 世代（Gen2）では、それ以前の USB に比べ通信速度が 2 倍以上速く、急速充電機能にも対応しています。

[TOPIC 2]
USB メモリ
USB は機器をつなぐ以外にも、USB メモリと呼ばれる、パソコンなどで使う小型のメモリにも使われています。USB メモリが登場する以前は、大きなディスク装置をつないでいたので、持ち運びできる小型の USB メモリの登場は画期的でした。

関連用語 ▶▶ 入力と出力 → p.078

079

Pixel

色を表示する単位です
ピクセル

POINT
- ▶ デジタル画像を作る「画素」と呼ぶ一つ一つの小さな点のこと
- ▶ ピクセルごとに明るさや色が違い、組み合わせると画像になる
- ▶ カラーモニターでは赤・緑・青の3色一組で1ピクセルと呼ぶ

解説 デジタル画像は、非常に細かな大量の点の集まりです。ピクセルはその一つ一つの点で、画素とも呼ばれます。1つのピクセルは1つの色情報を持ち、全体として1つの画像を構成します。絵具をつけた筆でカンバスに点を打つように色を塗る、点描画と同じ原理です。画像のデジタル情報では1ピクセル＝1ドットですが、モニターでは赤青緑（3ドット）一組で1ピクセルです。

[TOPIC 1]

画素数と解像度

画素数は1つの画像を構成するピクセル数のことで、大きいほど綺麗な絵になります。解像度は dpi（dot per inch）や ppi（pixel per inch）という単位で、1インチの中のドット数やピクセル数で画像の細かさを表し、数字が大きいほど滑らかな絵になります。

[TOPIC 2]

ハイビジョン（High Definition TV）

放送設備を含む高詳細テレビ放送規格で、テレビの画質を表す意味でも使われています。複数の規格があり、フルHDの1920ピクセル×1080ピクセルで画素数約207万に対し、4Kテレビでは縦横のピクセルが2倍となり、画素数は約4倍の800万画素になります。

関連用語 ▶▶ RGB → p.098

080

Red Green Blue

モニターに絵を描く光の三原色
RGB
アールジービー

POINT
- 赤・緑・青の三原色のこと
- それぞれの色の明るさを変えて、いろいろな色を作る
- コンピューターはRGBを数字で扱い、黒は(0,0,0) 白は(255,255,255)

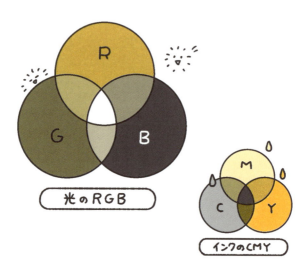

光のRGB

インクのCMY

解説 赤・緑・青からなる、光の三原色です。液晶テレビやスマホの画面などは、明るさを変えたRGBの3色を足し合わせて色を作ります（▶1）。RGBの一つ一つの色が1ドット(dot)、RGBの1セットが1ピクセルです。カラーテレビには、液晶のように白いライトの前にRGB3色のフィルターを置く方法と、それぞれの色に光るLED素子や有機ELのような方式があります。

[TOPIC 1]
色の数値表現
赤・緑・青の各色を0〜255の数値で表現し、この強弱バランスを使い、色を数で表現します。例えば、赤は(255,0,0)、緑は(0,255,0)、青は(0,0,255)となります。そして、何も発光しない黒は(0,0,0)、すべて発光する白は(255,255,255)です。

[TOPIC 2]
色の三原色（CMY）
光の三原色とは違い、絵具のように色の三原色を混ぜ合わせ、光の反射量を調整して色を作る方法です。色の三原色の場合、空色のシアン(C)、赤紫のマゼンタ(M)、黄のイエロー(Y)を0〜100%の濃度で混ぜ合わせ、すべて100%で黒になります。

関連用語 ▶▶ ピクセル → p.097、液晶と有機EL → p.100

High-Definition Multimedia Interface

081

4K画像をテレビに送る高速ケーブル
HDMI
エイチディーエムアイ

POINT
- ▶ 高画質映像と音声を同時に送れるケーブルとコネクタの名前
- ▶ テレビやモニターと DVD プレーヤーやコンピューターをつなぐ
- ▶ HDMI 同様に高画質映像を送れる DisplayPort という規格もある

解説 HDMIは、液晶テレビやパソコンのモニターに4Kなどの高詳細画像信号を送るインターフェースの名前です。DVDプレーヤーなどの映像家電やコンピューターとモニターを接続し、高画質映像と音声を同時に送れます。画質向上に合わせ、複数の規格があります（▶1）。現在は映像用インターフェースで広く使われていますが、ライセンス料が必要なのが欠点です（▶2）。

[TOPIC 1]

ケーブルの相性

HDMI は規格とケーブルに相性があり、テレビなどで HDMI のコネクタに物理的にケーブルが挿せても、画質が安定しなかったり映らなかったりすることがあります。HDMI 2.0 で 4K テレビを見るには、HDMI 2.0 対応のケーブルが必要です。

[TOPIC 2]

DisplayPort（ディスプレイポート）

最近のパソコンのモニター用インターフェースとして、ライセンス料の不要なディスプレイポートも使われています。HDMI と同等以上の高詳細画像と音声を伝送でき、主にビジネス用パソコンでの採用が進んでいます。

関連用語 ▶▶ 液晶と有機 EL → p.100

082

Liquid Crystal / Organic Electro-Luminescence

平らなテレビを作る技術
液晶と有機EL

POINT
- ▶ テレビやモニター画面の表示方式の名前
- ▶ 液晶自体は光らず、通過する光の量を調整して明るさや色を作る
- ▶ 有機ELはそれ自体が光ることで光の明るさや色を作る

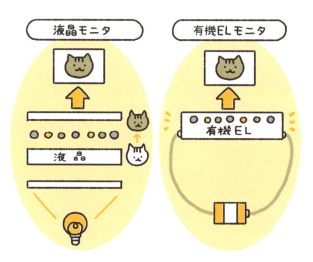

解説 テレビやモニターなどの表示技術のことです。液晶テレビの原理は、画面の背面にあるライトの前にシャッターのような光を調整する部品を置き、それを調整して画像を作るというもので、このシャッターが液晶なので、液晶テレビという名前になりました。これに対して有機ELは電気を加えるとそれ自体が光る発光体で、そのままテレビの方式の名前になりました。

[TOPIC 1]
液晶の性質
液晶を2枚の電極板で挟み電圧をかけると、液晶分子の向きが変わり、通過する光の透過量が変えられます。液晶の後ろにバックライトを置き、その明るさを液晶で調整した光を、さらにカラーフィルターを通過させて着色しカラー画像を作ります。

[TOPIC 2]
有機ELの性質
EL（Electro-Luminescence）とは、電圧が加わると元に戻ろうとするときに光を出す物質です。炭素結合の化合物なので有機と呼ばれます。白色の有機ELでは着色用のカラーフィルターを使いますが、RGB3色の有機ELはそれ自体に色がついています。

関連用語 ▶▶ RGB → p.098

第 4 章

実務

実務で役立つ
IT用語

083

Bit / Byte

デジタルの世界の単位
ビットとバイト

POINT
- ビットもバイトもコンピューターが扱うデータの単位を表す
- ビットはコンピューターが扱うデータの最小単位
- バイトはビットが8個集まったもの

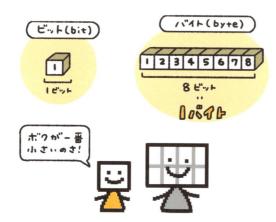

解説 ビットはコンピューターが扱うデータの最小単位です。1ビットが、0か1を表現します。このビットを8個集めて一つの単位としたのが、バイトです。データを処理するときにビット単位で扱うのは効率が悪いため、バイトという単位ができました。1ダースや1ケースのように、ある程度大きい数を単位とするほうが扱いやすいのと同じことです。

[TOPIC 1]
8ビットが1バイトの理由

まず、英数字とプラス（+）やマイナス（-）などの記号の表現に7ビット（128通り）必要です。また、7は奇数でコンピューターが処理しづらいのと、誤り訂正用に1ビット追加する必要から、1ビット加えた8ビットを1バイトにしたといわれます。

[TOPIC 2]
Windowsのビット数の意味

Windowsには、32ビット版と64ビット版があります。32や64は、CPUが一度に処理できるビット数の違いを意味します。32ビット版は、数値なら2の32乗（約43億）まで、64ビット版なら2の64乗（約18,446,744兆）までの数字を一度に扱えます。

関連用語 ▶▶ CPU → p.074、2進数 → p.103

102

084

Binary number

コンピューターの数の数え方
2進数

POINT
- ▶ コンピューターが使う数の数え方
- ▶ 0と1だけで数字を表す
- ▶ 1の次は繰り上がって10になる

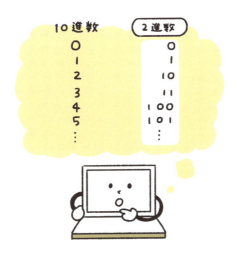

解説　コンピューターの数の数え方です。私たちは0～9の10進数で数えますが、コンピューターは0と1だけの2進数で数えます。コンピューターは電気の「あり」と「なし」で計算しますが、これを数にしたのが0と1です。10進数の位は下から1の桁、10の桁、100の桁と10の倍数で増えるのに対し、2進数の位は下から1の桁、2の桁、4の桁と2の倍数で増えます。

[TOPIC 1]
2進数の数え方
2進数で10進数の1から5までを表すと、順に 0 = 0、1 = 1、2 = 10、3 = 11、4 = 100、5 = 101 となります。3桁の2進数の一番右の1は1、真ん中の1は2、一番左の1は4に相当し、例えば101は、10進数では4と1を足して5となります。

[TOPIC 2]
デジタル化
デジタルの世界では、すべての情報を0と1のような離散値で表現します。離散値とは、オン/オフやYes/Noなど、連続的に変化しない（とびとびの）値です。通常デジタル化とは、文字や写真などの情報を0と1の2進数で表現することを意味します。

関連用語 ▶▶ 10進数と16進数 → p.104、ビットとバイト → p.102

085

Decimal number / Hexadecimal number

10で桁上がりする数え方、16で桁上がりする数え方
10進数と16進数

POINT
- ▶ 10進数は人間が普段使う数の数え方
- ▶ 16進数は0～9とA～Fの英文字で数字を表す
- ▶ 16進数ではFの次は繰り上がって10になる

解説　10進数は10で桁上がり、16進数は16で桁上がりする数え方です。16進数では、0～9とA～Fの英文字の合計15の数を使います。A～Fはそれぞれ、10＝A、11＝B、12＝C、13＝D、14＝E、15＝Fを表します。16進数の数え方は、0から数え始めて15に当たるFまで数えると、次は桁上がりして10になります。同じように、1Fの次は20、FFの次は100と数えます。

[TOPIC 1]

2進、10進、16進の比較

10進数の1,000,000（百万）を2進数と16進数で数えると、どのような数になるか比べてみます。2進数では1111,0100,0010,0100,0000、16進数ではF4240となります。桁数を比べると10進数では7桁でしたが、2進数では20桁、16進数では5桁です。

[TOPIC 2]

16進数はいつ使う？

2進数と16進数は相性が良く、TOPIC 1の数を見るとわかるように、2進数の4桁ごとと16進数の1桁の数字が対応します。コンピューターの中はすべて2進数ですが、プログラミングやハードウェアの設計時は、2進数より扱いやすい16進数を使います。

関連用語 ▶▶ 2進数 →p.103、ビットとバイト →p.102

086 集合と論理演算

Set (mathematics) / Logical Operation

コンピューターが使う「かつ」と「または」

POINT
- ▶ 集合は同じ性質を持った要素の集まり
- ▶ 集合の交わりや全体を求めるのが論理演算
- ▶ 論理演算は検索入力の解析などで広く使われている

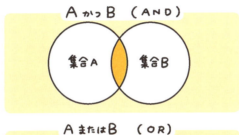

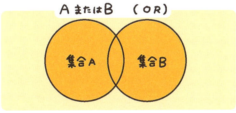

解説 集合は同じ性質を持った要素の集まり、論理演算はANDやORなどの論理演算子（▶1）を使った集合の計算のことです。例えばある小学校の1年1組の生徒と、男子という2つの集合があるとき、それらの集合の交わりや全体を求めるのが「かつ」や「または」です。Webの検索で「東京行き新幹線」のような入力の解析を行うのにも、論理演算が使われています。

[TOPIC 1]
論理演算子の種類
AND（論理積）、OR（論理和）、NOT（否定）、NAND（否定論理積）、NOR（否定論理和）、EXOR（排他的論理和）などが、通常使われる論理演算子です。EXOR は A と B の2つの値の A OR B から A AND B を除いた部分、つまり A か B 一方だけの集合を表します。

[TOPIC 2]
「東京行き」かつ「新幹線」
検索画面に「東京行き新幹線」と入力すると、検索エンジンは「東京行き」を検索し、さらにその結果が「新幹線」に一致するかどうかを調べます。その結果、東京方面の新幹線の時刻表や新幹線を利用した東京行きのツアーなどが表示されます。

関連用語 ▶▶ なし

087　Algorithm

問題を解くための決まった手順
アルゴリズム

POINT
- ▶ 定式化された問題の解き方や手順のこと
- ▶ 同じアルゴリズムを使えば、誰がやっても答えは同じになる
- ▶ あらゆる分野での論理的な手順はアルゴリズムと言える

解説　特定の問題を解くための、定式化された方法や手順のことです。例えばカーナビは目的地までの経路を教えてくれますが、これはカーナビの中にある経路探索アルゴリズムが現在地・目的地・道路の情報を元に、決められた方法で計算した結果を表示したものです。人が歩行者用の信号を見て、青で渡り、赤で止まり、青の点滅で急ぐのも、アルゴリズムの一種です。

[TOPIC 1]
同じ問題の解き方は複数ある
2つの 2×3 の合計の求め方が、(2×3)×2 と (2×3)+(2×3) の2通りあるのと同じで、ある問題を解くアルゴリズムが複数あるのはごく普通です。複数ある場合、処理時間やメモリ消費量などの条件に対し、最適となるアルゴリズムを選択します。

[TOPIC 2]
アルゴリズムの性質
一度作ったアルゴリズムは、実行時の条件が同じなら、そのアルゴリズムで解いた答えは必ず同じ結果になります。また、アルゴリズム作成時に想定した条件の範囲から外れるとうまく処理できず、エラーとなります。

関連用語 ▶▶ なし

Library

088

ソフトウェアの部品が集められた図書館
ライブラリ

POINT
- ▶ 誰もが共通に使える、部品化した小さなプログラム
- ▶ 私設図書館のような利用者限定のライブラリを作れる
- ▶ ライブラリを使うには、作成中のプログラムに組み込む作業が必要

解説 ライブラリは図書館のことですが、図書館に本を収蔵するのと同じイメージで、部品化したプログラムを多数登録している場所（ファイル）のことです。データベース処理やファイル制御など共通的な機能が用意されていて、プログラムを作るときにライブラリ内の使いたいプログラムを組み込んで利用します。ライブラリ単独で使われることはありません。

[TOPIC 1]
ライブラリとの関係づけ
ライブラリを使う前提でプログラムを作るときには、利用する側のプログラムとライブラリの間に関係づけが必要です。この関係づけに「リンク」や「インポート」などを行います。また関係づけ前に明示的に「インストール」を行うこともあります。

[TOPIC 2]
私設ライブラリ
公共図書館のように、第三者が用意し共通的に広く利用できるライブラリが多数用意されています。同時に、私設図書館のような、特定のソフトウェア開発プロジェクトの中で頻繁に使う処理をライブラリ化することも広く行われています。

関連用語 ▶▶ API → p.116

089 コンパイラとインタプリタ

Compiler / Interpreter

プログラムを機械が読める形式に翻訳するツール

POINT
- コンピューターは 0 と 1 の機械語しか理解できない
- プログラムを機械語に変換するのがコンパイラとインタプリタ
- コンパイラは変換後に実行、インタプリタは変換しながら実行

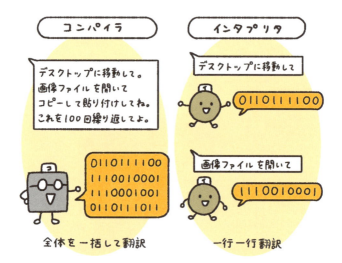

解説

どちらも、ソースコードと呼ぶプログラムを、機械が理解できる形式に翻訳するためのツールです。ソースコードは人間がプログラミング言語で記述したプログラムのことで、これをCPUが処理できる0と1だけで表現された機械語のコードに変換します。コンパイラとインタプリタは機械語コードへの変換の役割は同じですが、変換するタイミングが違います（▶1）。

[TOPIC 1]
コンパイラとインタプリタの違い

コンパイラは外国語の新聞の翻訳に似ていて、プログラム全体を一括して機械語に変換します。これに対して、インタプリタはニュースの同時通訳に似ていて、プログラムを実行するときに、実行する内容だけを機械語に変換します。

[TOPIC 2]
両方使うプログラムもある

通常のプログラミング言語は、コンパイラとインタプリタのどちらか一方を使います。これに対して、Javaと呼ばれるプログラミング言語は、コンパイラとインタプリタの両方を使うことで、同じプログラムをさまざまな環境で動かせる特徴があります。

関連用語 ▶▶ プログラミング言語 → p.112

Command Prompt

090

キーボードから文字を入力する黒い画面
コマンドプロンプト

POINT
- ▶ 英数字だけのコマンドでコンピューターを操作するための画面
- ▶ できることはアイコン（画像）による操作内容と基本的に同じ
- ▶ コマンドを知っていれば、使い勝手の良いときもある

解説 コマンドプロンプトは、英数字のコンピューターへの命令（コマンド）を直接入力する黒い画面のことです。WindowsやMacでは、アイコンと呼ぶ図を使ってファイルを指定するなど、視覚的にわかりやすい画面で操作します。コマンドプロンプトでは、このような図を使わず、アルファベットや数字などのコマンドをキーボードからタイプ入力して同じ操作を行います。

[TOPIC 1]
コマンドプロンプトを試そう
Windows のシステムツールにあるコマンドプロンプト（cmd.exe）を開くと、黒い画面が表示されます。そこで「dir [Enter]」とタイプすると、ディレクトリとファイル名の一覧が表示されます。エクスプローラーでフォルダを開いたときと同じ内容を確認できます。

[TOPIC 2]
意外と便利
コマンドを知っていれば、あちこち操作画面を開く代わりに、数行のコマンドで必要な設定の実行や、システムの状態の表示などが容易に行えます。またOSが正常に動作していないときでも、コマンドによりシステムを正常に戻せる場合もあります。

関連用語 ▶▶ なし

091 ファームウェア

Firmware

変更しない"硬い"ソフトウェア

POINT
- ▶ 電子機器に組み込んで使う専用ソフトウェア
- ▶ マイコン炊飯器の中で炊飯コースを制御するのもファームウェア
- ▶ パソコンの BIOS もファームウェアの一種

解説 CPUを使用する電子機器に組み込まれ、その機器のハードウェアを動かすためのソフトウェアです。組み込みソフトウェアと呼ばれることもあります。パソコンのBIOSや、テレビや炊飯器などのマイコン機器に組み込まれたソフトウェアなどです。機能が変わらない決まった処理に用いるソフトウェアなので、「硬い」という意味のFirmから、ファームウェアと呼ばれます。

[TOPIC 1]
マイコン家電
マイコン制御と名がつく家電やデジタル製品は、ファームウェアが動かしています。マイコン炊飯器は1セットの炊飯部品しか入っていませんが、ファームウェアが炊飯部品の制御方法を変えることで何通りもの炊飯コースを実現しています。

[TOPIC 2]
ファームウェアの更新
ファームウェアも、セキュリティ上の深刻な問題や機能的な問題で、どうしても更新が必要なときもあります。例えば BIOS の場合、パソコンメーカーが配布する保守用のソフトを使っていれば、更新を促すメッセージが表示されます。

関連用語 ▶▶ BIOS と UEFI → p.085

092 Open Source Software

自由にカスタマイズできるソフトウェア
オープンソース・ソフトウェア

POINT
- ▶ 誰でも無料で使えて、変更もできるソフトウェア
- ▶ 変更時は変更内容の公開が必要で、企業秘密があると使えない
- ▶ オープンソースソフトは動作保証がなく、利用者が全責任を負う

解説 誰でも自由に使えるだけでなく、自由に改変できるソフトウェアです。オープンソースとは、ソフトウェアの元のソースコードが開示（オープン）されていることを意味します。修正や改変、また既存コードと組み合わせた新機能の追加ができ、オープンソースと明示すれば、再配布も可能です。オープンソースを変更した場合は、変更内容を開示するのが決まりです。

[TOPIC 1]
フリーウェアとの違い
フリーウェアは、誰でも無料で使えるソフトウェアです。ユーザーは、提供されたフリーウェアを、配布サイトなどからダウンロードして自由に使うことができます。しかし、原則として内容の修正や改変はできません。

[TOPIC 2]
著作権と商用利用
オープンソース・ソフトウェアは、作成者が著作権を明示的に放棄しないかぎり、作者の著作権は法的に保護されています。個々のオープンソース・ソフトウェアは独自のライセンス条項を持つため、商用利用時にはその規定を守る必要があります。

関連用語 ▶▶ クリエイティブ・コモンズ → p.189

第4章 実務

093 プログラミング言語

Programming Language

コンピューターと会話するための言語

POINT
- 人がプログラムを書くための言語
- コンピューターがわかるのはプログラム言語を変換した機械語
- 性能やわかりやすさなど目的別に多くのプログラミング言語がある

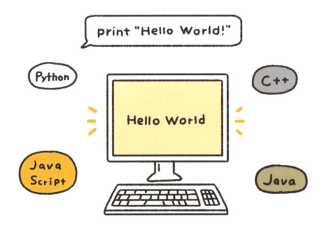

解説　コンピューターを動かすプログラムを書くための言語です。コンピューターは機械語という0と1の組み合わせのコードに従って動きますが、人間が書くのは事実上不可能です。そのため機械語に代わり、人間が理解できる形の言語として、プログラミング言語が開発されました。特定機能や特定業務への特化型から汎用型まで、その数は200以上（▶1）あるといわれます。

[TOPIC 1]
たくさんある理由
コンピューターを使う目的の違いやユーザー層の広がりから、多くのプログラミング言語が作られました。例えば、動作は遅くてもシンプルな構造のタイプ、多くの処理を同時に行えるタイプ、処理速度を追求するタイプなどです。

[TOPIC 2]
人気の言語 Top3
時代の状況やコンピューターの性能などから、プログラミング言語の中でも、主流になるものや、使われなくなるものが出てきます。アメリカ電気電子学会（IEEE）の会員アンケート調査によると、2024年の人気言語Top3は、Python、Java、JavaScriptの順でした。

関連用語 ▶▶ なし

094 スクリプト

Script

さっと書いてすぐに使えるプログラム

POINT
- ▶ 書いたらすぐ実行できるプログラム
- ▶ Webページの中などに埋め込んで使われている
- ▶ スクリプトファイルを用意し、実行時に読み込んで使うことも

解説

書いてすぐに実行できる、プログラムの一種です。画面の表示やメッセージの生成など限定した処理に使われます。スクリプトはインタプリタを使うので、コンパイルのように機械語に変換してから動かすという手間が要りません。Webページの中に埋め込んで使ったり、独立したスクリプトファイルを作り、それを他のプログラムが中に組み込んだりして利用します。

[TOPIC 1]
スクリプト言語

JavaScript（ジャバスクリプト）、Python（パイソン）、Perl（パール）、Ruby（ルビィ）などが、スクリプト言語として広く使われています。いずれも、プログラムが簡単に作成できて容易に実行可能なことを特徴とする、インタプリタ形式の言語です。

[TOPIC 2]
スクリプトの語源

劇の台本の意味のスクリプトが語源です。コンピューターに実行させる一連の処理をシナリオに見立て、それを記述した台本という意味があります。また、プログラムの書き方も台本のように読みやすいから、という理由もあるといわれます。

関連用語 ▶▶ コンパイラとインタプリタ → p.108、マクロ → p.114、プログラミング言語 → p.112

095

Macro

記録した操作をまとめて自動的に実行する
マクロ

POINT
- ▶ アプリの一連の操作を記録したプログラムの一種
- ▶ 実際に操作を行いながら記録することができる
- ▶ Excelマクロが広く知られているが、セキュリティリスクもある

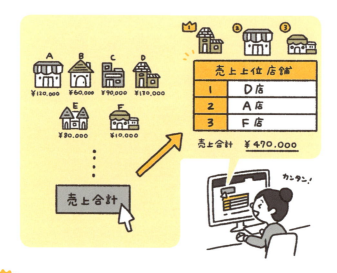

解説 マクロは、アプリケーションで行う一連の処理を、ひとまとめにして記録したものです。記録したマクロは、後から呼び出して利用することができます。マクロの作り方には、ゼロから記述する方法と、録音と同じイメージで実際に行った操作の記録を取って作る方法があります（▶①）。セル入力や計算などの処理をまとめて登録し利用できる、Excelのマクロが有名です。

[TOPIC 1]

マクロウイルス

マクロも一種のプログラムです。そのため、マクロを悪用したウイルスも多く存在します。だまされてダウンロードしたExcelマクロの実行による被害も多数あります。マクロを実行できないようにし、安全が確認できた場合のみ実行するのが効果的です。

[TOPIC 2]

Officeマクロの有効化/無効化

Microsoft Officeでは、「ファイル」→「オプション」→「セキュリティ（トラスト）センター」で進んだ画面の中の「セキュリティセンターの設定」から、マクロの扱い方を設定できます。一般的には「警告を表示してすべてのマクロを無効にする」を選択します。

関連用語 ▶▶ ウイルス対策 → p.264

Plug-in / Add-in / Add-on

096

ソフトの機能を後から増やします
プラグイン、アドイン、アドオン

POINT
- ▶ アプリケーションソフトの機能を拡張する方法のこと
- ▶ プラグインとアドインはアプリ本体に新たな機能を追加する
- ▶ アドオンはアプリ本体の機能を拡張する

プラグイン（アドイン）

アドオン

第4章 実務

解説 バージョンアップではない、アプリケーションソフトの機能拡張の方法です。プラグインは、アプリケーションから独立した機能を拡張するソフトウェアです。アドインは、Microsoftが使い始めたプラグインと同じ意味の言葉です。アドオンは、アプリケーション本体の機能を拡張するソフトウェアですが、アドインと同じとの説明も多く、混同されています。

[TOPIC 1]
それぞれの例
例えば、Acrobat Reader は Web ブラウザから独立して PDF 表示機能を拡張するのでプラグイン、Google ツールバーは Web ブラウザ自体の機能を拡張するのでアドオンです。また、アドインとして Microsoft Office の機能拡張が多く提供されています。

[TOPIC 2]
パッチ（Patch）
アップデートによらないソフトウェアの変更の一つに、不具合対応のパッチがあります。パッチは OS やアプリの永久的な変更で、プラグインやアドオンのように不要になったら取り外すということがなく、元のソフトウェア自体を書き換えます。

関連用語 ▶▶ OS とアプリケーションソフトウェア → p.086、Microsoft → p.301、Google → p.296

115

097 API

Application Programming Interface

プログラムが他のプログラムに仕事を頼むときの呼び出し口

POINT
- プログラムが他のプログラムの機能を利用するときに使う
- アプリケーションは OS の API を利用して OS の機能を使っている
- API を使うときは仕様で決められた使い方を守る必要がある

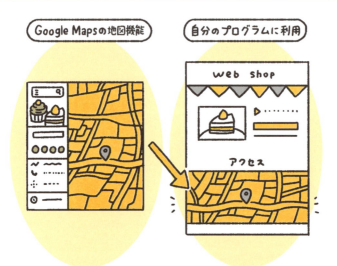

解説

プログラムが、他のプログラムの機能を利用するときに使うインターフェースです。市役所で住民票をもらうには請求用紙を記入して提出しますが、市役所の住民票処理がプログラムで、請求用紙がAPIに相当します。プログラムの世界でも同じことが行われていて、既存のプログラムの機能をAPIを使って利用することで、全体として効率的な開発が可能になります。

[TOPIC 1]
API 仕様

API は、提供する機能を利用するための手順と形式を、仕様として定義しています。例えばアプリを開発するときに、OS の API 仕様に沿ってアプリを設計すれば、アプリはこの API を使うだけで OS の細部を知らなくてもその機能を利用できます。

[TOPIC 2]
Web API

ネットワークを介してアプリケーション間をつなぐのが、Web API です。多くの Web サイトの所在地情報ページでは、Google の地図を掲載しています。これは、掲載したい地図を Google の地図サービスの API から呼び出し、その情報を使って地図を表示しています。

関連用語 ▶▶ OS とアプリケーションソフトウェア → p.086、Google → p.296

098 オブジェクト指向

Object Oriented

似たもの同士をひとまとめにする考え方

POINT
- ▶ プログラムや仕様を作るときの考え方の一つ
- ▶ 現実世界の物を抽象的なモデルとして表現する
- ▶ モデルを扱うことで汎用的・効率的にプログラムを作れる

解説

プログラムや仕様を、抽象化した物に対する操作として表現する考え方です。抽象化では、似通った性質を持つ複数の物を、1つの抽象的な物と考えます。例えば、私たちは車の名前やメーカーが違っても、エンジン・タイヤ・ハンドルなどの共通の特徴があれば車と呼んでいます。この抽象化により、複数の物を1つのモデルで捉え、効率的な開発を可能にします。

[TOPIC 1] 抽象化のポイント

何を抽象化するのかは、抽象化した情報の用途によって決まります。例えば、車の在庫管理にボディカラーは必要ですが、加速テストの評価には必要ありません。抽象化では、対象物の中で必要とする部分に着目し、その特徴を抜き出します。

[TOPIC 2] クラスとインスタンス

共通の特徴を持つ抽象化した物をクラス（class）と呼び、クラスに含まれる個別の物を実体という意味でインスタンス（instance）と呼びます。例えば「車」というクラスがあれば、カローラやプリウスなどの個別の車それぞれがインスタンスです。

関連用語 ▶▶ なし

099

Bug / Debug

ソフトウェアに開いた穴をふさぐ方法
バグとデバッグ

POINT
- ▶ バグとはソフトウェアの中に存在する不具合
- ▶ バグをソフトウェアから取り除き正常にするのがデバッグ
- ▶ AmazonのAWSのシステムダウンなど大規模な障害は社会問題になる

解説　バグはプログラムの不具合です。また、デバッグはバグを取り除く作業です。バグの原因には、仕様の考慮不足やプログラミングでの不注意によるミスなど、さまざまな理由があります。デバッグ作業では、プログラムテストやシステムテスト工程を通して、プログラムの中に潜り込んだバグを発見して修正します。バグによる大規模な障害は、ニュースでも流れます。

[TOPIC 1]
デバッグの難しさ
バグによる障害は、特定の条件下でのみ発生することが多く、思いもよらないときに問題を起こします。そのため、デバッグでバグをゼロにするのは難しいのが現実です。最近はAIを使い、デバッグの質の向上を図る取り組みも行われています。

[TOPIC 2]
バグで障害が起こる仕組み
特定の条件で起こるバグは、例えば状態A・B・Cが揃ったときにイベントDが起こってはじめて問題となる性質があり、なかなか症状として表に現れません。一度作り込んだバグはずっと残るので、時限爆弾のように問題を起こす可能性があります。

関連用語 ▶▶ AWS → p.143、テスト自動化 → p.123

Database

100

多くの整理されたデータの集まり
データベース

POINT
- ▶ 住所録のように大量のデータを整理して保存したもの
- ▶ 大量のデータから欲しいデータを簡単に探し出せる
- ▶ 複数データベースをつなげると、いろいろな情報を取り出せる

第4章 実務

解説 住所録や電話帳のように、整理されたデータの集まりです。データベースを使うと、複数のユーザーでデータを共有したり、データの変更・追加・削除などを行ったりできます。データベースは特定の条件のデータを検索する機能を持っていて、社員名簿の中から特定の社員番号の社員を検索するなど、大量のデータから欲しいデータを容易に探すことができます。

[TOPIC 1]
複数のデータベースをつないで使う
現在主流のリレーショナル・データベースは、キーになる情報を使い複数のデータベースをつなげることができます。例えば、社員番号と所属と、社員番号と最寄り駅のデータベースがあれば、つなげることで所属と最寄り駅のリストを簡単に作れます。

[TOPIC 2]
SQL（構造化クエリー言語）
データベースを操作するための、専用言語の名前です。データベースは、データベース管理ソフトウェア（DBMS）が管理しています。SQL で記述したコマンドを DBMS に送ることで、データベースの情報を利用します。

関連用語 ▶▶ なし

119

101

Transaction Data

一連の出来事の流れが見えるデータ
トランザクションデータ

POINT
- ▶ 一連の処理を、「誰が」「いつ」「どこで」実行したかわかるデータ
- ▶ 伝票のように、業務処理とともに増えていく
- ▶ 対となるものにマスターデータがある

解説　トランザクションは、始まりから終わりまでの一連の処理を意味します。買い物を例にすると、棚から品物を取り出してレジに行き、店員が金額を確認して、その代金を支払い、商品を受け取るまでが1つのトランザクションです。トランザクションデータには、誰が・いつ・どこで・どのような順番で実行したかなどの、処理に関する一連の情報が含まれています。

[TOPIC 1]

マスターデータ

トランザクションデータと対となるものに、マスターデータがあります。マスターデータはいわゆる台帳の役割で、社員番号・取引先・商品価格・店舗所在地などシステムで重複しない唯一のデータを管理します。また、常に最新の情報に更新されます。

[TOPIC 2]

ATMの例

ATMで預金を引き出すとき、例えば1万円という金額を最初に入力します。銀行システムはこの1万円をトランザクションデータとして、システム内の払い戻し処理を行います。預金額のマスターデータには1万円を差し引いた額が上書きされます。

関連用語 ▶▶ データベース → p.119

102 オフショア

Offshore

海の向こうに仕事を移す

POINT
- 海外(国外)に業務を委託すること
- 賃金の安い海外での製造委託が始まり
- 現在の多国籍企業ではあらゆる部門がオフショアの対象

解説 岸(shore)から離れた(off)場所、すなわち国外の子会社や他企業への業務プロセスの一部または全部の委託や移管です。製造などの作業を指示しやすい業務を、人件費の安い開発途上国へ委託したのが始まりです。現在の多国籍企業は、全世界規模での業務分担の適正化を進め、コールセンターから法務や経理など、あらゆる部門がオフショアリングの対象となります。

[TOPIC 1]
サービスのオフショアリング
アパレルや自動車などの海外への製造移転だけでなく、顧客サービス部門でもオフショアリングが進んでいます。アメリカ企業が自社のコールセンターを、英語圏の途上国で優秀な人材を集めやすいインドやフィリピンに移転する話は有名です。

[TOPIC 2]
オフショアの注意点
海外へのオフショアリングには、企業秘密やノウハウの情報流出や、事業が政治状況に左右されるリスクがあります。また、過度なオフショアリングは、国内の雇用を減らしたり、技術力の低下につながったりするなどの懸念も指摘されています。

関連用語 ▶▶ アウトソーシング → p.122

103 アウトソーシング

Outsourcing

自分よりできる人に仕事を頼む

POINT
- ▶ 国内外を問わず、他社への業務委託のこと
- ▶ 委託された企業は委託元と同レベルの能力が求められる
- ▶ ビジネスプロセス・アウトソーシング（BPO）は複数業務の一括委託

解説 企業が業務の一部を、国内外を問わず他社に委託することです。業務にまつわる資材・設備・人員の管理なども含めて任せる場合もあります。データ入力などの定型的な業務、物流など仕事に波がある業務、システム開発などの専門性が高い業務が、アウトソーシングに向きます。委託を受ける企業は、その業務について委託元と同じかそれ以上の能力が求められます。

[TOPIC 1]
外注とアウトソーシング
一般に外注の目的は、あらかじめ決まった納品物や定型化した仕事を、自分より早く安く行うことです。これに対してアウトソーシングは、自社の一部門の委託と捉え、委託先での自発的な業務改善など、ビジネスパートナーの役割を期待します。

[TOPIC 2]
BPO（ビジネスプロセス・アウトソーシング）
BPOもアウトソーシングの一種ですが、アウトソーシング対象を単なる業務委託ではなく、複数の業務からなる一連のプロセスとする点が異なります。極端な話では、企画や開発などの自社のコア事業以外の全業務を委託するBPOもあり得ます。

関連用語 ▶▶ オフショア → p.121

104 テスト自動化

Test Automation

ソフトをソフトが試験する

POINT
- ▶ ソフトウェアのテストを、ツールにより自動化すること
- ▶ 自動化により、膨大なテストデータでも短時間で試験できる
- ▶ テスト自動化を採用するときは、ソフトウェア開発時から一緒に考える

解説

ソフトウェア開発におけるテスト工程を、ツールで自動化することです。一般に大規模なシステム開発では、人員や期間の面でテストの負担も大きくなります。テスト自動化により、システム全体の動作確認などを機械化して、負担の軽減を図ります。自動化以前に比べ大量の項目を短時間にテストできるので、品質の向上や開発期間の短縮などが見込めます。

[TOPIC 1]
テスト自動化の注意点

自動化ツールを作ること自体も時間と労力を必要とします。そのため、ソフトウェアの開発当初から、自動化しやすいプログラムの作りにする必要があります。また、自動化する目的と対象範囲を明確にすることも重要です。

[TOPIC 2]
リグレッション・テスト（Regression Test）

アップデートなどの修正や機能追加による変更後に、全体の正常動作を再確認するテストのことです。過去に実施したのと同じテストを行うことが多いため、テスト自動化との相性が良く、テストの負担を減らすことができます。

関連用語 ▶▶ バグとデバッグ → p.118

Git / GitHub

105 プログラムの修正を記録する方法
Git と GitHub

POINT
- ▶ プログラム開発で使うバージョン管理のオープンソースソフト
- ▶ 複数の開発者が同じファイルを使い並行して開発作業ができる
- ▶ GiHub は Git を利用したソースコード管理を提供する Web サービス

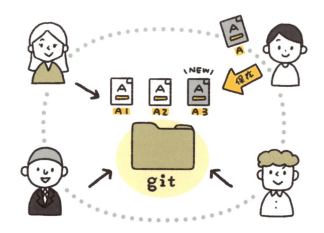

解説 Gitはプログラム開発時のバージョン管理を行うソフトウェアで、GitHubはGitの環境を提供するWebサービスの名前です。複数の開発者による分担開発を楽にするために作られました。各担当者が自分の作成したプログラムをGitの共有フォルダにアップロードすると、自動的に新バージョンとして管理され、問題があれば簡単に前のバージョンに戻せます。

[TOPIC 1]

分散バージョン管理

Git を使うと、共有フォルダにある1つのファイルを、複数の開発者がそれぞれコピーを使い手元で作業することができます。作業が終わったら共有フォルダに戻し、それぞれの変更を反映した1つのファイルを作ること（マージ）ができます。

[TOPIC 2]

GitHub と GitLab

GitHub 社が運営する GitHub は、Git を使いソースコード管理を提供する Web サービスです。2018 年に GitHub 社が Microsoft に買収されると、多くの開発者が元々のGitHub のオープンな方針を反映した GitLab（ギットラボ）に移行したといわれます。

関連用語 ▶▶ オープンソース・ソフトウェア → p.111、Microsoft → p.301

Repository

106 リポジトリ

ソフトウェアの情報を管理するデータベース

POINT
- ▶ ソフトウェアの情報を保存するデータベースのこと
- ▶ アプリのインストール情報の管理に使われる
- ▶ 開発中のソフトウェアのバージョン管理などもリポジトリの役割

解説

ソフトウェアの情報を保存する、データベースのことです。リポジトリの使われ方によって、パソコンにインストールしたソフトウェアの情報（▶1）や、ソフトウェアの開発で必要な情報（▶2）などを保存します。「データを一元管理する入れ物や場所」といった、わりとアバウトな意味合いです。なお、Windowsが管理するレジストリは、リポジトリの一種です。

[TOPIC 1]
インストール情報

アプリのインストールは、多くのファイルを決まった場所に保存しながら設定していく複雑な作業です。リポジトリは、インストールしたすべてのファイルの保存場所を記録し、アンインストール時はリポジトリを参照して、対象ファイルを探し出します。

[TOPIC 2]
ソフトウェア開発でのリポジトリ

ソフトウェア開発では、多くの開発者が大量のプログラムとそれらの組み合わせを作ります。このような開発作業中の設計情報やバージョン情報などを共有するデータベースをリポジトリと呼びます。現在は、この使い方のほうが多いようです。

関連用語 ▶▶ レジストリ → p.089

第4章 実務

107 リファクタリング

Refactoring (Code Refactoring)

動いているプログラムを作り直します

POINT
- ▶ プログラムの良くない作りを改善する、機能を変えない修正作業
- ▶ わかりやすいコードへの書き換えや適切なコメントへの見直しなどを行う
- ▶ 機能は変えないがプログラムを全部書き直すのがリライト

解説 元のプログラムをより良くするために、ソフトウェアの外見上の動作や処理を変えずに内部の構造を修正します。読みづらい記述や非効率な処理を書き直し、潜在的なバグの低減とメンテナンスを容易にします。リファクタリングしても、ソフトウェアの外見的な機能は変わりません。ごちゃごちゃの配線を整理し、誤ってケーブルを引き抜くことを防止するのに似ています。

[TOPIC 1]
リファクタリングの技法

バグの修正や機能の変更ではなく、あくまで作りの良くないプログラムの内部の改善です。同じ処理をよりシンプルなコードに置き換えたり、処理構造を整理したり、第三者から見てわかるコメント（メモの一種）の追加や記述の改善などを行います。

[TOPIC 2]
リライト

リライトは、ユーザーから見える機能は維持しますが、プログラムの中身を全面的に書き直します。元のプログラムの作りを考慮せず、ゼロからの再設計です。そのままでは機能拡張できないなど、元のプログラムに致命的な問題があるときに行います。

関連用語 ▶▶ バグとデバッグ → p.118

108 アジャイル（アジャイル開発）

Agile Software Development

すぐに作って何度もリリース

POINT
- ▶ 短い開発サイクルを何度も繰り返すソフトウェア開発手法
- ▶ 大まかな仕様で開発をスタート
- ▶ イテレーションと呼ぶサイクルを繰り返しブラッシュアップ

解説

アジャイルとは機敏に動くことで、転じてサイクルが非常に短いソフトウェア開発手法のことです。大まかな計画と仕様で開発を始め、短期間の開発とリリースを繰り返し行いながら、段階的にソフトウェアの作り込みを行います。同時に、いろいろな仕様変更や機能追加にも対応します。なお、この繰り返しのサイクルのことをイテレーションと呼びます。

[TOPIC 1]
アジャイルの向き不向き

技術革新が早く、ユーザーの要望も未知数のようなプロジェクトを、柔軟に進めるのに向いています。逆に、データ管理やシステム管理など、何を作るかが明確で厳密な仕様が存在するソフトウェア開発には不向きというのが、一般的な理解です。

[TOPIC 2]
広がる使われ方

アジャイルという言葉は、最近では開発手法としての意味以外に、必要なときに必要な人材を集めて組織化する意味のアジャイル型組織、現実の状況に応じ臨機応変に経営判断を下す意味のアジャイル経営など、広範な領域で使われています。

関連用語 ▶▶ スクラム → p.128

第4章 実務

109 スクラム

Scrum

ソフトウェア開発のワンチーム

POINT
- ▶ アジャイルの一手法で自己組織化したチームワークが大事
- ▶ スプリントと呼ぶ開発と修正の繰り返しプロセスを用いる
- ▶ 日本人が提唱しアメリカ人がソフトウェア開発に取り入れた

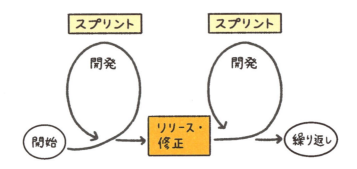

解説 アジャイルの一種のソフトウェア開発手法で、チームで行います。スプリントと呼ぶ2〜3週間の目標ごとに、ソフトウェアのリリースと修正を繰り返します。スプリント終了時には顧客を交えてレビューし、そのフィードバックを次のリリースに盛り込みます。チームメンバー全員が対等な立場ですが、全体の調整役としてスクラムマスターを任命します。

[TOPIC 1]
スクラムの特徴

スクラムでは、メンバー自身による自己組織化に特に価値を置いています。チーム全員が対等な立場でプロジェクトのオーナーシップ（当事者意識）を共有し、仕事を縦割りにせず、課題があれば全員で問題解決に当たることを原則とします。

[TOPIC 2]
名前の由来

ラグビーが中断後に再開するとき、チームのメンバー同士が肩を組み、敵・味方で押し合うスクラムに由来します。竹内弘高と野中郁次郎の2人が1986年にハーバードビジネスレビュー誌に寄稿した論文に触発され、ソフトウェア開発に広まりました。

関連用語 ▶▶ アジャイル（アジャイル開発）→ p.127

110 DevOps

Development and Operations

作る人と使う人が一緒に取り組む進め方
DevOps（デブオプス）

POINT
- 従来の縦割り型組織にある、開発と運用のギャップを埋める
- 目的は、より良いシステムをより早く提供すること
- 作る人と使う人が一緒に作ればいいだろう、という発想が根本

解説 システム開発部門（Development）とユーザーであるシステム運用部門（Operation）が、協力してシステムを開発することです。開発は順次機能追加を行いリリースし、運用は実際に使ってすぐにフィードバックすることで、システムをブラッシュアップします。機能追加を進めたい開発部門と安定稼働のため変更を避けたい運用部門が、意識を合わせるための開発方法です。

[TOPIC 1] DevOpsの考え方

根本にあるのは、作る人と使う人という縦割りが問題なら一緒に作ればいいだろう、との発想です。そのため、業務フローに対する意識変革といわれます。使ってすぐに修正する考え方には、アジャイルの継続的な開発とリリースの思想が入っています。

[TOPIC 2] フローの見直しと自動化

DevOpsはリリース計画に従って、プログラムの製造・評価・リリース・動作の確認という一連の工程を繰り返します。開発部門と運用部門は、パートナーとして各工程に必要なツールの自動化などに関わることが求められます。

関連用語 ▶▶ アジャイル（アジャイル開発）→ p.127

第4章 実務

Log

111

コンピューターの中で起こったことを記録する
ログ

POINT
- ▶ コンピューターシステムの中で起こった出来事の記録
- ▶ システム内の起動・停止・エラーなどの情報を収集する
- ▶ 保存したログデータはセキュリティ対策にも活用できる

解説 コンピューターの動作中に発生した、システム内の出来事の記録です。ログの対象は、OSやアプリケーションの起動・停止などのイベントや、システム内の通信内容やエラー情報などの、幅広い情報です。問題発生時の解析などに使えるよう、情報を時系列で記録します。なお、ログを取ることをロギング、記録したファイルをログファイルと呼びます。

[TOPIC 1]
ログの種類と管理
システム運用で利用する代表的なログは、認証ログ、エラーログ、アクセスログ、各種イベントログなどです。ログ管理機能は、ログデータの収集間隔や保存期間の設定、ロギングする項目の監視、ログ内容の整理などの一連の管理を行います。

[TOPIC 2]
セキュリティ対策としてのログ
サイバー攻撃を受けたとき、不正アクセスの痕跡が通信ログやOSやアプリのイベントログなどに残ります。攻撃の痕跡が残っているログを解析することで、攻撃の仕組みを明らかにし、次の攻撃に対する防御方法を考えるのに役立てます。

関連用語 ▶▶ セキュリティ → p.272、不正アクセス → p.253

112 フォールトトレランス

故障が起きたときに持ちこたえるシステムの力

Fault Tolerance

POINT
- ▶ 障害が起こってもシステムが運用を継続する能力のこと
- ▶ 起こりうる障害には災害や故障などがある
- ▶ 予備電源やバックアップなどで障害に備える

解説 障害が起きたときでも、障害に耐えて運用を継続する、システムの能力のことです。また、そのようなシステムをフォールトトレラントシステムと呼びます。起こりうる障害として、各種の災害やシステムの故障などを想定します。予備電源やバックアップシステムなどを事前に用意し、障害が発生したときにはそれらへの切り替えなどで必要な機能を維持します。

[TOPIC 1]

フェールセーフ（Fail Safe）

障害が起こったときに、システムを安全な側に倒すシステム設計の考え方です。例えば、信号の故障時には衝突事故を防ぐため全方向赤にする、電気ストーブが倒れたときは火事を防ぐため電源を切るなどの考え方です。

[TOPIC 2]

フェールソフト（Fail Soft）

障害が起こったときに、例えば障害部分を切り離して、部分的にでもシステムを稼働させて、ユーザーへの影響を少なくする対応方法です。配電盤にブレーカーが複数あるのも、1箇所のショートで全部の電気を止めない、一種のフェールソフトです。

関連用語 ▶▶ 可用性 → p.132

113 可用性

Availability

正常に使える時間が長いほど良くなる指標

POINT
- ▶ 可用性が高いシステムほど、正常に使える期間が長い
- ▶ バックアップなどを用意すると可用性は高くなる
- ▶ データへのアクセスしやすさを意味するセキュリティ用語でもある

解説 一定の時間のうち、正常に使える程度を意味します。「可用性が高い／低い」と表現し、可用性が高いほど良いと考えます。障害の起きづらいシステムや、障害が起こってもバックアップで正常運用できるなど復旧の早いシステムは、可用性が高くなります。また、可用性は情報（データ）の使える度合いを意味する、セキュリティ用語（▶2）でもあります。

[TOPIC 1]
可用性を数値で表す稼働率

可用性は、稼働率という数値で表すことができます。稼働率は、「正常に動いている時間」と、「故障で動かない時間」から、求めることができます。100時間中98時間正常に稼働し、その後2時間故障で停止した場合の稼働率は 98% です。

[TOPIC 2]
セキュリティ用語としての可用性

必要な人が必要なデータにアクセスできる程度を意味します。セキュリティが厳重なあまり必要なデータになかなかアクセスできないと、可用性は低くなり、逆に障害時にバックアップデータにアクセスできれば可能性は高くなります。

関連用語 ▶▶ フォールトトレランス → p.140

114 PoC（概念実証）

Proof of Concept

新たなアイデアを証明する
PoC（概念実証）
（ポック／ピーオーシー）

POINT
- プルーフ・オブ・コンセプト（概念実証）の略語
- 新たなアイデアが実現可能か、試しに作ってみて検証すること
- 多額の開発費用の投資を決める前に行われ、AIやIoTの事例が多い

解説

新たなアイデアや概念が実現できることを示すのに必要な部分だけを実装した、試作の前段階の検証と、そのデモンストレーションを意味します。PoCでは、新しいアイデアの実現可能性の証明と専門家による確認が目的です。そのため製品全体ではなく、むき出しの部品やキーボードでの操作といった形で、見せたい新たなアイデアや技術だけに絞った物を作ります。

[TOPIC 1]
プロトタイプとの違い

PoCはプロトタイプ（試作品）の前段階です。PoCもプロトタイプも実際に製品化するかどうかの判断に使われるものですが、PoCはアイデアの実現可能性の証明、プロトタイプは最終製品化前の完成度の確認の試作という点が、大きく異なります。

[TOPIC 2]
PoV（Proof of Value）

PoCに似た用語で、PoV（プルーフ・オブ・バリュー：価値実証）という概念があります。既存の製品やサービスと比較して、新たな製品やサービスがより役立つのか、コストに見合う価値があるのかを検証することです。PoVは有用性の証明と言えます。

関連用語 ▶▶ なし

115 身に着けるITデバイス
ウェアラブル

Wearable

POINT
- 身に着けられるIT機器のこと
- 歩行速度や距離を測るなどの健康系やメール・SNSなどの生活サポート
- スマホのアプリなどと連携した情報管理ができる

解説 身に着けられるIT機器を意味します。普通の歩数計はIT機器ではありませんが、計測した歩数をスマホのアプリに送信して管理するなどができると、ウェアラブルと呼ばれます。ウェアラブルには、人の動きや脈拍などの生体情報を収集する活動量計タイプ、電話やSNSの着信通知などスマホの機能の一部分を身に着けるスマートウォッチ（▶1）のタイプがあります。

[TOPIC 1]
スマートウォッチ
腕時計と同じ外見で、手首に装着します。心拍数・歩く速さ・歩いた距離などを測る健康管理機能や、日常生活用途として電子メールやSNS受信、おサイフケータイと同じ電子決済機能など、多くの機能をサポートしています。

[TOPIC 2]
外見の正常性
ウェアラブルは単に身に着けられればよいわけではなく、見た目が異様でないことも重要です。街中でスマートウォッチを身に着けた人を見ても違和感ありませんが、目を完全に覆うVRゴーグルを着けて外出するのは勇気が必要ということです。

関連用語 ▶▶ VR（仮想現実）→ p.046、SNS → p.151

116 3Dプリンター

立体モデルを造形するデジタルプリンター
3D（スリーディー）プリンター

Three-Dimensional Printer

POINT
- ▶ 樹脂などを使い立体的な物を作るプリンター
- ▶ 普及しているのは溶かした材料を層状に重ねる作り方
- ▶ 試作品の製作や少量だけ必要な製品の製造にも使われている

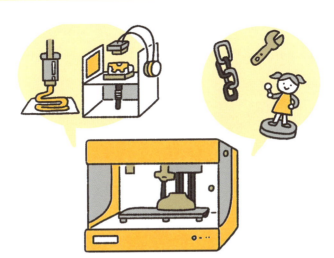

解説 　立体物を造形する機械です。プリンターといっても印刷ではなく、樹脂のような材料を固めて作ります（▶1）。プリンターのように個人が手軽に物を出力できることになぞらえ、3D（3次元）プリンターと呼ばれます。3次元CAD（3DCAD）図面か3次元コンピューター・グラフィックス（3DCG）のデータから、3Dプリンター用のデータを作成し、3Dプリンターで立体にします。

[TOPIC 1]
3Dプリンターの出力方法
大まかには、印刷データの指示する量の材料を出力しながらすぐに固めることで、立体を作っていきます。材料と固める方法の組み合わせで複数方式ありますが、普及しているのは、溶かした材料を層状に積み上げる熱溶解積層方式（材料押出法）です。

[TOPIC 2]
3Dプリンターの用途
従来からある立体物の作り方よりも手軽なため、工業製品の試作や、少量生産の部品の製造などに活用されています。また、個人向けのホビー用途にも徐々に普及しており、それに合わせて、3Dプリンター出力サービスを提供する店舗も増えてきています。

関連用語 ▶▶ なし

117

Radio Frequency Identifier

IDを無線で送る小さなタグ
RFID
アールエフアイディー

POINT
- ▶ 無線を使ったID情報識別用のタグやカード
- ▶ 商品管理や在庫管理、交通系ICカードなどに使われている
- ▶ 無電源で動くパッシブ方式なら、タグを貼っておくだけでOK

解説　無線（RF）を使い識別情報（ID）などを発信するタグやカードと、その情報を管理するシステムのことです。タグやカードは、RFIDタグ・RFタグ・ICタグ・ICカードなどと呼ばれます。商品管理や在庫管理などに使われ、交通系ICカードもその一種です。無線の距離は数cm位から数十mと幅があります。電源の有無や大きさ・使用目的などから、方式を選択します。

[TOPIC 1]
パッシブ方式とアクティブ方式
タグやカードに電池などの電源がないものがパッシブ方式、電源のあるものがアクティブ方式です。パッシブ方式では、タグやカードが読み取り装置の電波を電力として利用します。アクティブ方式は通常の無線端末のような構造になります。

[TOPIC 2]
バーコードとの違い
情報管理に使うという意味では、バーコードやQRコードもRFIDと同じ機能を持っています。バーコードやQRコードが印刷物なのに対し、RFIDはある種の通信機能付きメモリなので、書き込みが可能、汚れに強い、読み取り範囲が広いなどの強みがあります。

関連用語 ▶▶ なし

第 5 章

サービス

インターネットのサービスが
わかる基本用語

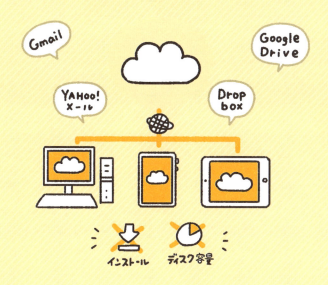

Cloud

118

雲の中にあるITサービス
クラウド

POINT
- ▶ ネットワークを介して提供されるITサービスのこと
- ▶ 従来のアプリと比べインストールやメンテの手間なく機能を使える
- ▶ サービスに対して企業独自のカスタマイズを行うことは難しいことも

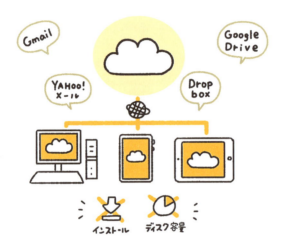

解説 ネットワークを介して提供されるITサービスと、それを利用する意味があります。空の雲（クラウド）を眺めてもその中がどうなっているのかはわかりませんが、雲自体は存在することに例えてこう呼ばれています。代表的な例は、Gmailなどのメールサービス、DropBoxなどのストレージサービスです。パソコンやスマホからネットワークを介してサービスを利用します。

[TOPIC 1]
クラウドのメリット
クラウドのメリットは、以前はパソコンにインストールしていたアプリと同じサービスを、ブラウザだけでどこからでも利用できることです。インターネットにアクセスする環境は必要ですが、インストールやメンテの手間なく、大容量のディスクも不要です。

[TOPIC 2]
クラウドのデメリット
企業がクラウドサービスを利用する場合、企業独自のカスタマイズを行うのが難しいこともあります。また、クラウドでは複数のユーザーが同一のサーバーを利用するため、他のユーザーのトラブルが自分に影響する可能性もゼロではありません。

関連用語 ▶▶ オンプレミス → p.140

119 サーバーの仮想化

Server Virtualization

1台のサーバーを複数のサーバーに見せかける

POINT
- ▶ 物理サーバー上で、ソフトウェア的に作成した仮想サーバーを動かす
- ▶ 仮想サーバーは専用の仮想化ソフトウェアで管理する
- ▶ 複数の仮想サーバーを1台の物理サーバーにまとめられる

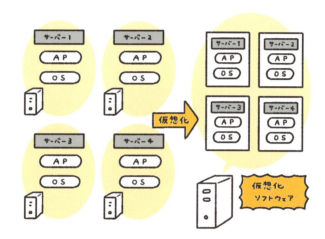

解説　サーバーの仮想化とは、物理的に1台のサーバー上で複数台の仮想サーバーを運用することです。物理サーバーの持つメモリやCPUなどの資源をソフトウェアにより細切れにして割り当て、物理サーバー内に疑似的に作られた仮想サーバーを動かします。専用の仮想化ソフトウェアが、仮想サーバーごとのメモリ量やCPUの利用時間の割り当てを管理し、処理の一貫性を保ちます。

[TOPIC 1]
サーバー仮想化のメリット
サーバー仮想化の運用者には、物理サーバーのリソースを無駄なく使えるコスト面と、運用の手間が減る面でメリットがあります。仮想化サービス利用者には、複数ユーザーでのサーバーの割り勘により、結果的に安く利用できるのがメリットです。

[TOPIC 2]
サーバー仮想化のデメリット
デメリットの一つは、実行処理の規模によっては性能面でパフォーマンスが思ったように出ない可能性があることです。また物理サーバーの故障により、同一のサーバー上で運用している複数の仮想サーバーが影響を受けるリスクもあります。

関連用語 ▶▶ クラウド → p.138

120 オンプレミス

On-Premises

自分のITは自分のところに置く

POINT
- 自社の業務システムを自社が管理する場所に置くこと
- クラウドに対して、自社運用の意味でこの言葉が使われる
- クラウドとオンプレミスの組み合わせをハイブリッドと呼ぶ

解説 企業が、自社の業務システムのコンピューターを、自社が管理する場所に置くことです。クラウド以前は、コンピューターを自社内で管理することが当たり前でした。クラウドでの業務システムの運用が広まり、クラウドと対比する意味で、オンプレミスと呼ぶようになりました。オンプレミスは、システムの性能や環境を自社の使い道に最適化できることが特徴です。

[TOPIC 1]
オンプレミスのデメリット

オンプレミスは、運用と初期投資のコストや導入に要する時間、運用のための人材の育成と技術の蓄積などが課題といわれます。クラウドが普及したのは、オンプレミスのデメリットがメリットを上回った結果と見ることもできます。

[TOPIC 2]
ハイブリッド

企業のコンピューターシステムを、クラウドかオンプレミスかの二者択一で考えるのではなく、両方を良いとこ取りするのがハイブリッドです。システムの目的と特性から両者を組み合わせることで、バランスの良いIT化を実現できる可能性があります。

関連用語 ▶▶ クラウド → p.138

121 オンラインストレージ

Online Storage

クラウドの中にあるディスクドライブ

POINT
- ▶ インターネットを介して利用できるデータ保存場所
- ▶ 個人向けには数ギガバイト程度の容量を無償提供するサービスがある
- ▶ 企業向けサービスは個人向けよりもセキュリティ面が充実

解説 クラウドの中にある、自分用のデータ保存領域です。ブラウザや専用アプリで自分のストレージ領域へログインし、パソコンのハードディスク同様にファイルの保存や読み出しを行います。個人向けサービスでは、数ギガ〜十数ギガバイト程度の容量の無償提供が行われています。企業向けサービスは、個人向けに比べるとより高いセキュリティレベルを設定しています。

[TOPIC 1]
オンラインストレージ・サービス
GoogleのGoogleドライブ、MicrosoftのOneDrive、AppleのiCloud Drive、その他にもDropboxなどの個人向けと企業向けのサービスが広く知られています。Boxなどの、企業向けに特化したサービスも提供されています。

[TOPIC 2]
オンラインストレージのデメリット
攻撃者のハッキングや自身の設定ミスなどで、保存しているデータの外部流出、破損、改ざんなどのリスクがあります。企業向けサービスでは、従業員に貸与しているIDやパスワードの管理と、データへのアクセス権限の適切な管理が必要です。

関連用語 ▶▶ クラウド → p.138、Google → p.296、Microsoft → p.301、Apple → p.298

Data Center

122

膨大なデータを保存するビル
データセンター

POINT
- ▶ コンピューターや通信機器を収容し、運用するための建物
- ▶ データセンターと見てわかるサインはなく、場所も非公開
- ▶ 災害対策や防犯、サイバーセキュリティ対策が厳重に施されている

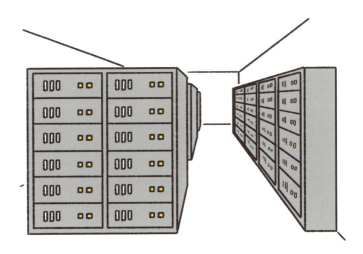

解説 サーバー、ストレージ、ルーターなどを収容し、運用するための建物です。データセンターの中にはサーバー間をつなぐ通信回線が張り巡らされていて、外部と大容量の通信回線で接続しています。データセンターの利用者は、通常、自分で用意したサーバーをデータセンターに持ち込み、データセンター事業者は建物内の通信回線と利用者のサーバーの管理を行います。

[TOPIC 1]
データセンターの場所
以前は、広い土地があり、地震などの災害に強い郊外が良いとされていました。近年は、ビルを使った都市型のデータセンターも多く設置されています。データセンターの建物には外部から見てわかるサインはなく、正確な場所も公表されていません。

[TOPIC 2]
データセンターのセキュリティ
データセンターには、企業や組織の重要なデータが大量に保管されているため、さまざまなセキュリティ対策を行っています。建物の耐震性や電源の確保、不正侵入防止の監視カメラ、ICカードや生体認証による入退出管理などの多岐にわたります。

関連用語 ▶▶ ハブとスイッチとルーター → p.224

123

Amazon Web Services

Amazonが売るクラウドサービス
AWS（エーダブリュエス）

POINT
- ▶ Amazonが提供する、世界第1位のシェアを誇るクラウドサービス
- ▶ ネット通販事業で培った大規模なシステムインフラを第三者に提供
- ▶ 日本でも数十万ユーザーがいて、大企業や官公庁も利用している

解説　Amazonが提供する、世界第1位のシェアを誇るクラウドサービス（SaaS、PaaS、IaaS）です。Amazonの本業であるネット通販事業では、膨大な数の商品の販売から物流管理までを一貫して行います。そのため、地球規模の大規模なシステムインフラを築きWebサービスを運用してきました。この資産と運用経験を生かして、第三者にクラウドサービスを提供しています。

[TOPIC 1]
サービスの種類

AWSは、Amazonがクラウド上で提供する複数サービスの総称です。データベースからAIまでの、非常に幅広いサービスを扱っています。2006年にデータを保管するストレージサービスからスタートし、現在は200を超えるサービスにまで成長しています。

[TOPIC 2]
AWSのユーザー数

2021年現在、全世界で数百万、日本で数十万のAWSユーザーがいて、著名な大企業や官公庁も利用しています。初期費用ゼロや使った分だけ払う従量課金制など、メニューの多さとともに価格面でのメリットも強調し、多くのユーザーを獲得しています。

関連用語 ▶▶ クラウド → p.138、Amazon → p.297、SaaS、PaaS、IaaS、DaaS → p.145、Microsot Azure → p.144

124 Microsoft Azure

Microsoftが売るクラウドサービス
Microsoft Azure
マイクロソフト アジュール

POINT
- ▶ Microsoftが提供する、世界第2位のシェアを持つクラウドサービス
- ▶ AWSとはライバル関係
- ▶ OfficeやWindowsシステムなどMicrosoft製品との連携のしやすさが強み

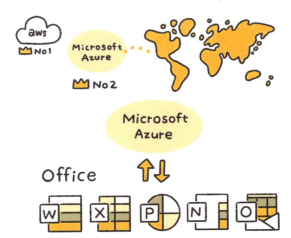

解説 Microsoftが提供する、世界第2位のシェアを持つクラウドサービスです。多くの企業は社内システムにMicrosoftのサーバー製品やシステム管理製品を利用しており、社内システムをオンプレミスからクラウドへ移行したり、両者を併用したりしようとする場合に、Azureを利用することでMicrosoftのサービス間での移行・環境構築を図ることができます。

[TOPIC 1]
サービスの種類
大分類レベルのサービスとしては、クラウド内にデータを保存するクラウドストレージ、ソフトウェア開発環境、AIサービスなど、18種類のメニューが用意されています。細分化すると600を超えるクラウド上のサービスメニューがあります。

[TOPIC 2]
AWSとの違い
両者はライバル関係にあり、提供するサービス自体はAWSとほぼ違いがありません。AWSと比べてAzureの強みとなるのは、OfficeなどのMicrosoft製品との連携が簡単にできる点です。現在は、先行するAWSをAzureが追いかけ、徐々に差を縮めています。

関連用語 ▶▶ クラウド → p.138、SaaS、PaaS、IaaS、DaaS → p.145、AWS → p.143、Microsoft → p301

144

125

Software / Platform / Infrastructure/ Desktop as a Service

物は買わずにサービスを買う
SaaS、PaaS、IaaS、DaaS
サース　　　パース　　イアース/アイアース　ダース

POINT
- ▶ クラウドが提供する各種サービスを分類して呼ぶ名称
- ▶ SaaSはソフトウェアサービス、DaaSは仮想デスクトップサービス
- ▶ PaaSとIaaSはアプリケーション開発やシステム開発のためのもの

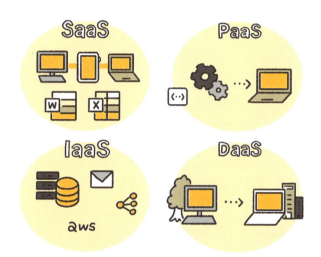

解説　「●aaS」はアズ・ア・サービスと言い、これまでは商品として購入していたものを、クラウドが提供する有料・無料のサービスとして利用することです。サービスのほとんどは、SaaS、PaaS、IaaS、DaaSのいずれかに分類できます。WordやExcelのようなアプリケーション・ソフトウェアをサービスとして利用するSaaS（Software as a Service）が広く普及しています。

[TOPIC 1]

IaaS、DaaS

IaaSはクラウド内にあるコンピューターや通信システムなどの、装置の利用自体をサービスとして提供します。AWSやMicrosoft AzureなどがIaaSの例です。DaaSはデスクトップ仮想化の一種で、遠隔のコンピューターのデスクトップ画面をサービスとして提供します。

[TOPIC 2]

PaaS

PaaSは他と異なり、アプリケーションソフトの開発環境をクラウドの中で提供するサービスです。現在のアプリケーションソフト開発には、複雑な開発環境を用意する必要がありますが、PaaSはこれらを一括して提供するところに価値があります。

関連用語 ▶▶ クラウド → p.138、AWS → p.143、Microsoft Azure → p.149

第5章 サービス

126 エッジコンピューティング

Edge Computing

クラウドの「ふち」で処理を分担します

POINT
- ▶ クラウドの処理の一部を、ユーザーの近くで処理すること
- ▶ クラウドまでのネットワークの遅延や障害を避けられる
- ▶ 自動運転など、リアルタイムな処理が必要な場面で利用される

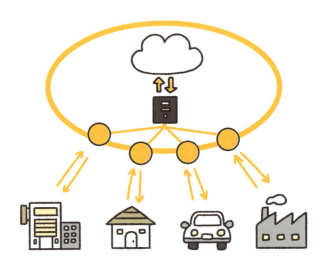

解説　クラウドの処理の一部を、ユーザーに近い側、つまりクラウドの雲の「ふち（エッジ）」に当たる部分で処理します。複数のコンピューターで一つの大きな処理を行う、分散コンピューティングの一形態です。情報の発生から処理の終了までを極力短縮したい自動運転など、クラウドでは限界（▶1）がある用途で、エッジコンピューティングが必要といわれます。

[TOPIC 1]
エッジの始まりはクラウドの限界

クラウドの利用者は、自分の処理がクラウド内のどこで実行されるのかを管理できず、性能が必要な処理に向かない面があります。そこで、利用者により近いクラウドのふちでも処理を実行するアイデアとして、エッジコンピューティングが生まれました。

[TOPIC 2]
ローカル5Gへの応用

次世代の無線通信である5Gは、高速大容量、超低遅延、多数同時接続など、これまでの無線に比べて優れた特徴があります。ローカル5Gという一種の構内通信では、エッジコンピューティングの技術を用いた超高速処理実現の取り組みが進んでいます。

関連用語 ▶▶ クラウド → p.138、集中処理と分散処理 → p.076、5G → p.019

127

Internet of Things

インターネットにつながるモノ
IoT
アイオーティー

POINT
- ▶ インターネットにつながるモノの総称
- ▶ モノがインターネット経由で情報をやり取りすることも IoT
- ▶ IoT 機器で、遠隔地のデータ収集やモノの操作が可能になる

解説 IoTは「モノのインターネット」とも呼ばれ、インターネットにつながるあらゆるモノの総称です。スマホやタブレットなどの電子機器、テレビやエアコンなどの電気製品、監視カメラなどのインフラ機器と、さまざまなIoT機器が生まれています。また、IoTはインターネットにつながったモノが、ネットワークを介して情報をやり取りする様子を指す言葉でもあります。

[TOPIC 1]
遠隔でデータを集める
各種のセンサーをインターネットにつなげば、遠隔地の情報を容易に収集できます。例えば、気象センサーを使い、離れた田畑の気温や湿度を確認したり、スイッチセンサーを使い、広い建物内の照明やエアコンのオン/オフを集中監視したりできます。

[TOPIC 2]
遠くのモノを操作する
機械スイッチや電子スイッチを IoT 化すれば、遠隔からスイッチを操作できます。例えば、外出先で家の扉や窓を閉め忘れたことに気づいたら、スマホを使って閉めることができます。スマホを使ったテレビの録画設定も、遠隔操作の一例です。

関連用語 ▶▶ インターネットとイントラネット → p.230、ネットワークカメラと Web カメラ → p.150

第5章 サービス

Machine to Machine

128

機械同士の会話
M2M
エムトゥエム

POINT
- ▶ 機械同士が直接通信し、協調して動作すること
- ▶ 車同士が通信して車間距離を保つなどが M2M の例
- ▶ インターネットを介さない、ローカルな有線・無線通信も使われる

解説 機械同士が直接通信することで、人間の介在なしに、協調して動作します。パソコンから印刷を実行すると、無線接続したプリンターの電源が自動で入り印刷を開始するのが一例です。M2MとIoTは機械が通信する点で似ていますが、IoTは必ずしも他の機械と連携しません。また、IoTはインターネットを利用しますが、M2Mは携帯電話と同じ3G/4G、有線LANなどの通信も含みます。

[TOPIC 1]
有線と無線
多くの M2M では通信し合う機器の組み合わせが決まっているため、通信方式も有線と無線を選択して使い分けます。例えば、工場内の機械間の通信では、ノイズによる誤動作を避けるには有線が、設置場所の自由度が必要な機械では無線が多く使われます。

[TOPIC 2]
自動運転にも M2M
自動運転技術の一つに、車と車がコミュニケーションする M2M があります。車同士が通信することにより、車間距離を保った走行や、交差点の出会い頭の衝突の回避などを実現し、事故の防止や交通の円滑化に役立つと考えられています。

関連用語 ▶▶ IoT → p.147

129

Smart City

賢い都市は住み良い都市
スマートシティ

POINT
- ▶ 情報通信技術（ICT）を活用した住み良い都市
- ▶ センサーで都市の状況をモニタし、都市機能の管理に活用
- ▶ サイバー攻撃に備えたセキュリティ対策の強化が課題

解説 スマートシティとは、情報通信技術（ICT）を活用した（▶1）、住み良い都市です。水道や電力などのインフラ、交通網、安全、医療、教育、行政まで、IT機器で都市のさまざまな状況をモニタし、都市機能の適切な管理を行います。「スマート」には、より綺麗な飲料水、より安全で安定した電力供給など、ICTを使い環境をより良くする、という意味があります。

[TOPIC 1]
ICTを水道に活用した例

都市の水道は、上水（飲料水）と下水（汚水）の循環システムです。スマートシティでは、水道管や貯水池をセンサーで監視し適正な水量に調整したり、水道の各所のセンサーで水質を計測し水処理場に伝えたりと、緻密な管理を行うイメージです。

[TOPIC 2]
セキュリティの課題

本格的なスマートシティでは、数十万やそれ以上の無人の情報端末が、都市中にくまなく設置されます。セキュリティの脆弱な端末がサイバー攻撃を受けると、都市機能のまひにつながる可能性があり、セキュリティ対策の一層の強化が求められます。

関連用語 ▶▶ ICT → p.049

130

Network Camera / Web Camera

インターネットにつながったカメラ
ネットワークカメラとWebカメラ

POINT
- ▶ ネットワークカメラは、カメラ自体がネットワーク機能を持つ
- ▶ Webカメラは、パソコンとセットで使う
- ▶ ネットワークカメラは防犯に、Webカメラはビデオ会議に使う

解説 ネットワークカメラの身近な例は街角の防犯カメラ、Webカメラの身近な例はノートパソコンの上部に内蔵されたカメラです。この2つの違いは、ネットワークカメラ（▶1）はカメラ自体にネットワーク経由の画像送信機能を持たせたのに対し、Webカメラ（▶2）はパソコンに接続して使い、画像の送信もパソコン経由で行うことです。

[TOPIC 1]
カメラ機能の差
カメラ自体の機能について、これはネットワークカメラ、あれはWebカメラという定義はありません。強いて言えば、壁や天井などに取り付けるネットワークカメラのほうが、カメラの方向制御やモーションセンサーなど、一般的に機能が充実しています。

[TOPIC 2]
Webカメラでビデオ通話
スマートフォンでLINEなどのアプリを使いビデオ会話を楽しむことができますが、このときスマートフォンのカメラをWebカメラとして使っています。パソコンでZoomなどのビデオ会議アプリを使うときは、パソコン内蔵か外付けのWebカメラを使います。

関連用語 ▶▶ IoT → p.147

131

Social Networking Service

ネットの中で広がる友達の輪
SNS
エス エヌ エス

POINT
- ▶ Facebook や X、LINE、Metaverse、TikTok など、人と人が通信でつながるサービスの総称
- ▶ 時間や場所を問わず、ネット上の知り合いと瞬時に交流できる
- ▶ 初めての人ともつながりやすいことから、犯罪やデマの温床となる問題もある

解説 インターネットに一種の社会を形成するネットワーキングサービスのことです。私達は家族、学校、会社、地域などのリアルな生活空間を通して社会を形成していますが、SNSはこのような場をインターネットで提供します。ネットの世界では場所や時間の制約がなく、以前は出会えなかった人や連絡を取るのが難しい人などとつながれることで、爆発的に広まりました。

[TOPIC 1]
SNSのリスク

SNSからの個人情報の流出や、不用意な情報露出から個人が特定されるストーカー犯罪が発生しています。また社会的には、SNSでのフェイク（偽）ニュースやデマの拡散なども問題化し、さらにAIが状況を複雑化させています。

[TOPIC 2]
SNSでのAIの利用

個々のユーザーがフォローする人物や興味を学習し反応しそうな投稿やサイトを表示する、急増しているトピックやイベントを学習しトレンドとして増幅するなど、AIの利用が広がっています。反面、偏った情報の拡散を助長する問題もあります。

関連用語 ▶▶ Meta（Facebook）→ p.299、TikTok → p.152、X → p.302、人工知能（AI）→ p.194
メタバース → p.038

132　ショート動画を共有し合うSNS
TikTok（ティックトック）

POINT
- ▶ 中国発の動画の公開と共有を売りにするSNS
- ▶ 世界中の有名人にも広まり、16億人を超えるユーザーが参加
- ▶ 国家レベルのセキュリティの懸念から利用禁止の国もある

解説　ショート動画の公開と共有を特徴とするSNSです。2016年に中国企業のByteDanceが国内向けに開設し、翌年から海外展開を開始しました。簡単なUI操作による動画の加工や、動画に合わせた好みの音楽の挿入などができます。動画による創造性の発揮が支持され、多くの有名人や著名人の参加で世界中に広まり、現在の月間利用者数は世界全体で16億人といわれます。

[TOPIC 1]
収益源
大部分は広告収入です。その他に、アプリの売上、インフルエンサーが販促するブランドのスポンサー企業からの収益などがあります。広告の方法として、広告動画の挿入、アプリ起動時の広告表示、ユーザー動画への広告用ハッシュタグ付けなどを行います。

[TOPIC 2]
使用制限
中国政府への情報流出の懸念からカナダ、EUなどは政府職員の利用禁止、インドなどは国として利用禁止、アメリカも一律禁止の法律が発効しました。逆に中国は海外からの情報遮断のため、TikTokを禁止し、国内版のDouyin（ドウイン）の利用を強制しています。

関連用語 ▶▶ ショート動画 → p.042、SNS → p.151、インフルエンサー、ストリーマー → p.032

133 SMSとMMS

Short Message Service / Multimedia Messaging Service

電話番号を使って送る電子メール

POINT
- ▶ SMSは電話番号でメッセージを送るサービス
- ▶ MMSは携帯電話会社のメールアドレスでメッセージを送るサービス
- ▶ 一般的なメールアドレスが不要なので手軽に使える

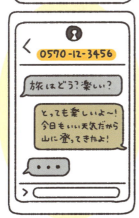

解説 SMSは電話番号を使ったメッセージングサービス、MMSは携帯電話会社独自のメールアドレスを使ったメッセージングサービスです。SMSはテキストのみですが、MMSは画像や動画なども送れます。どちらも携帯電話の契約だけで手軽に利用できる半面、メッセージの送信ごとに課金されます（受信は無料）。SMSはメッセージング以外に、二段階認証にも利用されています。

[TOPIC 1]

プラスメッセージ（+メッセージ）

電話番号を使うSMSの拡張版として、NTT、KDDI、ソフトバンクの国内携帯電話会社3社が2018年に開始した画像や動画を送受できるサービスです。機能的にはLINEと同じやり取りを行うことができます。スマホの専用アプリがリリースされています。

[TOPIC 2]

iMessage

Apple IDを使いiPhoneやiPadなどのiOS端末間で送受信できる、MMSと同等のApple独自のメッセージングサービスです。iMessageとSMSの両方をサポートする「メッセージ」アプリを使い、テキストや画像のやり取りを行います。

関連用語 ▶▶ 二要素認証と二段階認証 → p.256、Apple → p.298

134

Groupware

グループ専用の情報共有ツール
グループウェア

POINT
- ▶ 社員への確実な情報共有と、業務効率化が目的のソフトウェア
- ▶ 会議室の予約や掲示板、申請書の管理などの機能がある
- ▶ 組織に必要な機能を選んで、導入することが可能

解説 会社など、組織内での情報共有を支援するソフトウェアのことです。業務の円滑な遂行を協調して行うことを目的として、スケジュール共有、会議室などの設備予約や掲示板機能、申請書など業務文書の管理機能がよく使われています。市販のグループウェア製品が提供する機能にはいろいろな組み合わせがあり、組織で必要な機能を選択して利用が可能です。

[TOPIC 1]
グループの範囲
部署や部門といった小さなグループを範囲とし、情報共有を目的に業務を直接支援するツールとして利用する場合があります。また、グループの範囲を全社員に広げ、例えば社内会議室の予約管理などの共通の業務にもグループウェアが利用されています。

[TOPIC 2]
グループウェアの形態とメリット
グループウェアには、自社内でシステムを管理するオンプレミス型と、クラウドが提供するサービスを利用するクラウド型があります。オンプレミス型は自社に最適なカスタマイズができること、クラウド型は手軽に利用できることがメリットです。

関連用語 ▶▶ オンプレミス → p.140、クラウド → p.138

135

Rich Site Summary / Really Simple Syndication

Webサイトが最新記事を配信する仕組み
RSS
（アールエスエス）

POINT
- Webサイトのページが更新されたときに作る要約の配信のこと
- 要約の配信を受けるには、RSSアプリに登録する必要がある
- 実際はRSSアプリがWebサイトの要約を定期的に収集する

解説 Webサイトの内容の要約を作り、ユーザーに要約を配信する機能がRSSです。RSSに対応したWebサイトは自身が更新されると、自動的に配信用の要約を生成します。ユーザーが、気になるWebサイトのRSSをブラウザやアプリを使って登録すると、常に最新記事の要約を受け取ることができます。ユーザーにとっては、Webサイトをチェックして回る必要がなくなり、効率的です。

[TOPIC 1]
RSSリーダー
RSSは配信と呼ばれますが、実際にはRSSをサポートするブラウザが、登録したWebサイトの要約ファイル（RSSファイル）を定期的に読みに行く仕組みです。RSSリーダーと呼ばれるアプリは、複数RSSサイトの登録と読み出しを一括管理します。

[TOPIC 2]
タイムラグ
RSSを利用しても、Webサイトの更新と同時に要約が配信されるとは限りません。更新後にWebサイト側がRSSファイルを作成するまでのタイムラグと、ブラウザやRSSリーダーがRSSファイルを読み出すまでのタイムラグがあります。

関連用語 ▶▶ なし

136

Streaming

ビデオは川の流れのように
ストリーミング

POINT
- ▶ ビデオデータを細切れにして連続的に送信すること
- ▶ 大容量ビデオでもダウンロードと違って待たずに見られる
- ▶ 通信エラー時の画像の乱れを低減する技術を一緒に使う

解説 受信しながら再生するネット動画を、川の流れに見立てて、ストリーミングと呼びます。YouTubeのライブ配信はストリーミングの代表例です。ストリーミング以前は動画ファイル全体をダウンロードしていたので、再生までに時間がかかり、さらにダウンロードしたファイルを保存する大容量記憶装置が必要でした。これらの問題を改善し、リアルタイムの視聴が可能です。

[TOPIC 1]
ストリーミングの強み

大容量のビデオファイルも、ストリーミングでは再生速度に合った少量のデータを連続的に送信するので、多くの通信帯域を必要とせず、一時保存用の少量のメモリで再生できます。またリアルタイム性を生かし、ライブ配信に使われています。

[TOPIC 2]
エラー対策

ストリーミングはデータを送りっぱなしで、途切れても再送信しないので、一定レベルの通信品質の確保が必要です。また、部分的な誤りに対するデータの訂正と、一定時間分のデータの先読み保存で、一時的な通信の不具合に対応しています。

関連用語 ▶▶ CDN → p.232、YouTuber と VTuber → p.031

137

SIM Lock / SIM Free

携帯会社固定のスマホと、携帯会社に関係なく使えるスマホ

SIMロックとSIMフリー

POINT
- ▶ SIMロックは決まった携帯電話会社の回線しか使えない端末
- ▶ SIMフリーはどこの携帯電話会社の回線でも使える端末
- ▶ 携帯電話料金引き下げ策として、総務省がSIMロックを原則禁止に

解説 スマホなどの端末が、特定の携帯電話会社の回線しか使えないか、どの携帯電話会社の回線でも使えるかを意味します。ある回線が使えるかどうかはその回線用のSIM（▶1）が使えるかどうかで決まりますが、特定の携帯電話会社のSIMしか使えないことをSIMロックと呼びます。このロックを解除して、どの携帯電話会社用のSIMでも使えるようにすることがSIMフリーです。

[TOPIC 1]
SIMカード

SIM（Subscriber Identity Module）カードは、携帯電話やスマホなどに挿し込んで使う、電話番号や利用携帯電話会社の識別情報などを記憶した小さなカード型の部品です。SIMには、世界中の端末で重複しない固有の番号が割り振られています。

[TOPIC 2]
SIMフリー義務化とeSIM（イーシム）

2021年現在、総務省が携帯電話料金引き下げ策としてSIMロックの原則禁止と、eSIM普及を打ち出しています。eSIMとは着脱するSIMカードではなく、端末内に埋め込んだSIMにデータを書き込むもので、その利用にはSIMフリー端末が必要です。

関連用語 ▶▶ MVNO → p.158

138 MVNO

Mobile Virtual Network Operator

通信回線を持たない携帯会社
MVNO
エム ブイ エヌ オー

POINT
- ▶ 大手通信事業者から借りた回線で携帯電話サービスを提供する会社
- ▶ 回線を持たないので、低価格でサービスを提供できる
- ▶ 大手通信事業者も自社の回線を使ったサブブランドを展開

解説 自前の通信設備を持たず、大手携帯電話会社から借りた回線でサービスを提供する携帯電話会社のことです。実際の回線を持たないので、バーチャル（仮想）の意味でMVNOや仮想移動体通信事業者と呼ばれます。MVNOは、自社の通信サービス用の格安SIMを販売しています。大手に比べて低価格なのがMVNOの強みでしたが、携帯料金引き下げで競争が激化しています。

[TOPIC 1]
安い理由と弱み
最大の理由は、通信設備を持たないことで費用を削減できることです。借用する回線数の調整や、ネット販売を主体としたコスト削減も行っています。その半面、混雑による速度低下や通信速度の制約、プランによっては割高などの弱みもあります。

[TOPIC 2]
サブブランド
ソフトバンクのワイモバイルやau（KDDI）のUQ mobileなどを、サブブランドと呼びます。格安SIMとの競争による、既存の携帯電話会社からのユーザー離れへの対抗策として、大手携帯電話会社が始めた、自社の通信設備を使って運用するMVNOのことです。

関連用語 ▶▶ SIMロックとSIMフリー → p.157

第6章
ビジネス

ビジネスとECを知るIT用語

139 ファシリティ・マネジメント

Facility Management

快適な職場環境を作ることでビジネスの生産性を上げる

POINT
- ▶ 建物や設備などを企業にとって最適なものにする経営活動
- ▶ コストを抑えるといった面だけでなく、従業員の快適性も追求する
- ▶ ファシリティ・マネジメントの国際規格として ISO41001 がある

解説 従業員の職場環境と企業のビジネスの調和を図る経営活動です。企業価値は開発・生産・販売など、企業のコアビジネス（基盤業務）から生まれますが、その遂行には職場の警備や保安、オフィスの整備、通信やITシステムの運用などのノン・コアビジネスが必要です。それらノン・コアビジネスの最適な在り方を求める経営活動がファシリティ・マネジメントです。

[TOPIC 1]
国際標準化機構（ISO）の定義

国際規格 ISO41001 は、ファシリティ・マネジメントを「社会や企業の創造性と生産性と、個人と構築環境との関わり方に影響を与える複数の分野を統合すること」と定義しています。従業員の職場環境を改善し、組織の創造性を高めることと解釈されます。

[TOPIC 2]
ファシリティ・マネジメントの変遷

ファシリティ・マネジメントは、当初は保守や警備・清掃など設備管理の意味でしたが、その後フロアプランや不動産管理も含むようになり、2000年代には仕事場を固定しないフリーアドレスや集中スペースなど、業務効率向上施策も追加されています。

関連用語 ▶▶ なし

140 プロジェクトマネジメント

リスクを管理しプロジェクトを成功させる

Project Management

POINT
- ▶ 新たな製品やサービスを開発する組織活動（プロジェクト）を管理する
- ▶ プロジェクトに応じたスケジュールと予算を立案しその実行を推進する
- ▶ 不確定要素の管理手腕がマネジメントの成果として反映される

解説 新たな製品やサービス開発などの組織的な活動です。プロジェクトには達成すべき目標、達成までの時間、必要な予算と人員、必要なコンピューターやソフトウェア資材など、立案と管理が必要な多くの事や物があります。プロジェクトマネジメントは、これらの要素を取りまとめ、与えられた条件下で設定した目標を効率的に実現する管理活動のことです。

[TOPIC 1]
マネジメント成果の判定
プロジェクトには必ずスケジュールと予算がありますが、最善の努力を払っても予定通り進まない未知数と不確定要素が存在します。その前提で、設定したスケジュールと予算の達成度、要求仕様に対する実現の満足度合いから、マネジメントの成果を判定します。

[TOPIC 2]
プロダクトマネジメントとの違い
プロジェクトは、例えばプロダクトを市場に出すまでの3年間と限定した活動です。対してプロダクトは、例えば10年販売しその後10年の使用を想定すると計20年の活動となります。このように、マネジメントの対象となる時間軸が大きく異なります。

関連用語 ▶▶ プロダクトマネジメント → p.162

141 プロダクトマネジメント

Product Management

製品の誕生から終わりまでの面倒を見る

POINT
- ユーザーに買って使ってもらえる製品を実現するための管理活動
- 製品の構想から始まり販売と保守までの一連のサイクルが管理対象
- 異なる社内部門間の、製品に対する理解の統一も行う

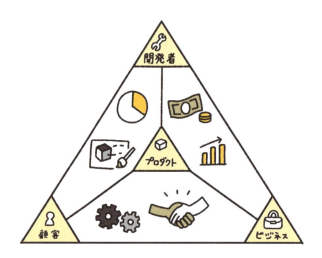

解説 製品自体に関するビジョンと戦略、製品ライフサイクルを管理することです。ビジョンとは長期的な視点で製品が実現を目指すユーザーにとっての価値を示すこと、戦略はビジョンを実現するための具体的なプランです。ライフサイクルとはマーケティングから商品化、販売、マイナーチェンジ／バージョンアップ、不具合対応、製造販売の終了、保守等の一連のサイクルです。

[TOPIC 1]
マネジメント成果の判定
ユーザーの製品に対する評価で、プロジェクトマネジメントの成果を判断します。製品の売上高をはじめ、製品の使用頻度や満足度などから判定します。その他にも、他のユーザーに推薦するかどうか、買い替え予定かどうかも判定に使います。

[TOPIC 2]
製品戦略
製品の開発方法と具体的な市場参入プランの検討や、ユーザーに購入してもらえる仕様の策定と市場提供の優先順位づけなどがあります。また、開発、マーケティング、セールスなど、異なる部門間での製品への理解を統一させることも製品戦略です。

関連用語 ▶▶ プロジェクトマネジメント → p.161、プロダクトオーナー → p.163

142 プロダクトオーナー

Product Owner

価値ある製品作りの旗振り役

POINT
- どのような製品を作るのかを決定する責任者
- ユーザーと開発チームや社内各部門の間に立ち製品をコントロールする
- アジャイルでの製品責任者の呼び名としても使われている

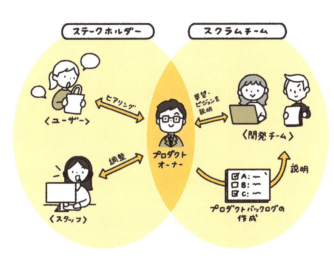

解説 製品の想定顧客や実際に操作するユーザーと、開発チームや社内関連部門の間に立ち、どのような製品にするのかを調整し意思統一を行う責任者です。プロダクトオーナーは、開発する機能の優先順位や、課題への対処を決定し、価値ある製品作りを主導します。アジャイルやスクラムにおいて、仕様の調整を主導する役割の呼び名としても使われます。

[TOPIC 1]
プロジェクトマネジャーとの違い
製品を実現する点で似ていますが、プロジェクトマネジャーはスケジュールと予算のもとに製品の実現そのものに注力するのに対し、プロダクトオーナーは提供する製品の仕様や使い勝手など製品自体に注力する点が大きな違いです。

[TOPIC 2]
プロダクトマネジメントの一部
プロダクトオーナーの活動は、プロダクトマネジメントの一つの重要な役割ですが、製品開発の部分に限られています。これに対し、プロダクトマネジメントは製品戦略全体に責任を持ち、開発より広範な領域かつより長い期間を対象とする活動です。

関連用語 ▶▶ アジャイル → p.127、スクラム → p.128、プロダクトマネジメント → p.162、プロジェクトマネジメント → p.161

143 デザイン思考

顧客の本当の願いは何かを考える

Design Thinking

POINT
- ▶ 顧客の本当に欲しいものを見つけ出す思考法
- ▶ デザインとは、外見のことではなく企画や計画のこと
- ▶ フォードは、速い馬が欲しいという要望から量産車を製造した

解説 顧客の潜在的なニーズを元に、製品やサービスを生み出す考え方です。表面的な要求の裏に隠れているかもしれない、顧客自身も本当には気づいていない願望や欲求を見つけ出します。デザイン思考の一般的な進め方は、共感、問題定義、創造、試作、テストの5段階からなり、創造の手法としてブレインストーミングやワーストケース分析が広く用いられています。

[TOPIC 1]
フォード自動車
自動車メーカーであるフォードの創業者、ヘンリー・フォードの逸話があります。フォードは馬車が移動手段の時代に、顧客の「もっと速い馬が欲しい」という要望を、本当に欲しいのは馬ではなく快適な移動だと考え、大衆車の大量生産を始めました。

[TOPIC 2]
デザインの意味
「デザイン」という言葉は、日常では、服や物の外観や装飾の意味で使われますが、その第一の意味は、新たなものを創造・実現するために、まず行うべき企画や計画・仕様を考えることです。デザイン思考のデザインは、この意味を指しています。

関連用語 ▶▶ ブレインストーミング → p.165

144

Brain Storming

枠にはまらない新たな発想をチームで探す

ブレインストーミング

POINT
- ▶ 自由な発想の交換から、革新的なアイデアを見つける活動
- ▶ 意見の多様性を重視し、多くのアイデアを嵐のように巻き起こす
- ▶ チームメンバーは互いに対等で、他者の意見への批判は厳禁

解説 チームメンバーが全員対等な立場で制約無く意見を交換し、その中から革新的なアイデアを掘り出す活動です。メンバーそれぞれが自分の考えや解決案を自由に説明し、そこで生まれた新たな気づきやアイデアから、次の対策やアクションを決定していきます。「頭の中で吹き荒れる嵐」の意味で、多くのアイデアを嵐のように巻き起こす狙いから名づけられました。

[TOPIC 1]

批判は厳禁

ブレインストーミングでは、各メンバーの創造性を尊重するため、互いの自由な思考を励まし、他者の意見への批判は厳禁です。批判の禁止により、自分だけでは思いつかないアイデアを引き出し、チームの思考の幅を広げます。

[TOPIC 2]

質より量

参加者の自由な発想による、多種多様な考えの表明がブレインストーミングでは特に重要です。参加者は、前言と相反するアイデアを出しても構いません。意見の数が多く幅広いほど、その中に革新的な考えを見つける機会が増えると考えるためです。

関連用語 ▶▶ なし

Plan-Do-Check-Act

145

目標を達成するためのスパイラル活動
PDCA
ピーディーシーエー

POINT
- ▶ 計画・実行・評価・改善の4段階からなる管理手法
- ▶ 課題が解決されるまで渦を巻くように何度も繰り返す
- ▶ ソフトバンクの「高速PDCA」やトヨタ自動車の「カイゼン」が有名

解説 計画（Plan）・実行（Do）・評価（Check）・改善（Act）の4段階からなる管理手法です。製造プロセスや品質管理の技法として普及し、現在ではビジネスプロセスの改善にも用いられます。例えば、1カ月に1kg、半年で6kg減量する計画を立て（P）、毎日30分歩き（D）、月末に体重を測り（C）、減量が計画以下なら翌月から歩く時間を40分にする（A）という流れです。

[TOPIC 1]
PDCAは繰り返す
PDCAは、課題が最終的に解決されるまで渦を巻くように何度も繰り返して実行し、改善を積み重ねていきます。あるPDCAサイクルで取り入れた改善内容は、引き続き実行するPDCAサイクルの当初から実行するべき作業として組み込まれます。

[TOPIC 2]
PDCAの事例とコツ
PDCAの事例では、ソフトバンクの「高速PDCA」やトヨタの「カイゼン」が有名です。PDCAの成功には、各項目を高い精度で詳細化・定量化し、実行するサイクルも、1日・1週間・1カ月などを組み合わせて重層的に行うほうが、効果が期待できます。

関連用語 ▶▶ BPRとBPM → p.072

146 コーポレートガバナンス

会社から不祥事を出さないための活動

POINT
- 企業経営を管理・統制し、企業価値向上と不祥事を防ぐ仕組みのこと
- 株主含めステークホルダー（企業の利害関係者）全体の利益になる
- 社外取締役会の設置や、適切な情報開示など透明性の確保がポイント

Corporate Governance

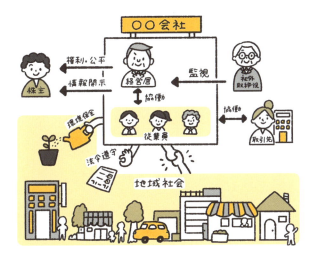

解説 一般的には企業統治と訳します。ガバナンスには2つの側面があり、1つは企業のステークホルダー（▶1）と経営幹部の利害調整、もう1つはステークホルダー間、特に出資者とその他のステークホルダー間の利害調整です。不祥事の防止や環境保全など、法令や社会規範を遵守した適正・適法な事業を行うのが前者であり、企業の投資判断の是非などは後者です。

[TOPIC 1]
ステークホルダー
企業活動における利害関係者を指した言葉です。企業活動のあらゆる側面の関係者を意味するため、株主、投資家、従業員、取引先、顧客、地域社会、行政のすべてがステークホルダーに含まれます。

[TOPIC 2]
内部監査
コーポレートガバナンスの実行には、社外取締役会の設置や、適切な情報開示などの透明性が必要です。内部監査は、コーポレートガバナンスが適切な環境下で実行され、適正に運用されていることを、経営者も対象として監視する役割を持つ仕組みです。

関連用語 ▶▶ なし

147

Electronic Data Interchange

企業間の情報を電子データ化してやりとりする
EDI（イーディーアイ）

POINT
- ▶ 伝票類や契約書などを電子データ化し企業間で送受
- ▶ 配送時間の短縮とコスト低減が可能になる
- ▶ 電子データの交換にはデータ形式（フォーマット）の規格が必要

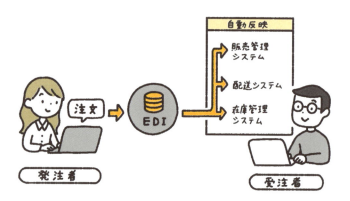

解説

紙でやりとりしていた請求書等の伝票類や契約書などの企業間の情報を、電子データとして通信回線で送付・受領することです。配達に比べ瞬時に送付でき、またコンピューターによる情報のチェックや検算が可能など、やりとりの時間とコストを大幅に改善できます。企業間で電子データの内容を相互に理解するために、情報の形式（フォーマット）の統一が必要です（▶1）。

[TOPIC 1]
情報のフォーマット

EDIは1960年に始まり、当初は取引のある企業間に閉じた独自のフォーマットを使用していました。その後、北米標準（ANSI X12）や90年代には国際標準（UN/EDIFACT）が規格化されました。近年はXMLを使ったWebベースのEDIサービスが主流です。

[TOPIC 2]
データセキュリティ

EDIでは多様な企業データを送受するため、各企業はデータセキュリティに関する対応が必要です。例えば、第三者によるデータの抜き取りの防止、非正規利用者による情報漏洩、送受するデータの整合性の保証、輸出入規制に反するデータの送受の禁止などが挙げられます。

関連用語 ▶▶ HTML と XML と CSS → p.247

148 GDPR
General Data Protection Regulation

ヨーロッパで集めた個人情報を世界中で保護します
GDPR（ジーディーピーアール）

[POINT]
- ▶ 欧州経済域内で取得した個人情報の扱いを定めた規則
- ▶ 日本などEU域外の企業も対象で、ネットで収集した情報も含まれる
- ▶ 違反すると高額な制裁金が課されるので注意

解説 EU一般データ保護規則と呼ぶ、EU版の個人情報保護法です。EUを含む欧州経済域（EEA）内で取得した、氏名・住所・メールアドレス・クレジットカード情報などの個人情報に関し、開示要求に応じること、保存情報を暗号化すること、EEA域外への移転の禁止などを規定します。この規制は、日本などEU域外の企業にも適用されます。ネットで収集した情報も適用範囲です。

[TOPIC 1]
域外適用
日本企業の場合、EU内の子会社や支店、EUに商品やサービスを直接販売する企業、EUから個人情報を含むデータ処理を依頼された企業などが対象になります。ネットからcookieで収集したデータも規制対象なので、意図せず違反しないよう注意が必要です。

[TOPIC 2]
高額な制裁金
GDPRはEU法の中でも、「規則」という最も強い拘束力を持ちます。制裁金の上限についても、違反企業の全世界年間売上高の4％または2,000万ユーロ（約24億円）のいずれか大きいほうの金額となり、高額です。

関連用語 ▶▶ cookie（HTTP cookie）→ p.248

149

Kitting

パソコンを箱から出してすぐ使えるようにします
キッティング

POINT
- ▶ パソコンにメモリを組み込んだりソフトをインストールすること
- ▶ 情シス部門や社員が自分でパソコンをセットアップすることを指す
- ▶ 大量のセットアップ時は、専門サービスへの外注もある

解説 キッティングは、パソコンなどの機器をすぐ使える状態にする作業のことです。必要なデバイスを組み込んで設定し、ソフトウェアをインストールして使える状態にします。キッティングの作業内容自体は通常のパソコンのセットアップと同じですが、企業などが大量のパソコンをセットアップする機会が増えたことで、キッティング専門のサービス（▶1）も生まれています。

[TOPIC 1]
キッティングサービス

新入社員向けのパソコン一括導入時など、数十〜数百台をセットアップするにはかなりの時間を要します。そこで、それを請け負うのがキッティングサービスです。IT機器管理の外部委託では、その一部にキッティングを含むことがあります。

[TOPIC 2]
BTO（Build To Order）

パソコンの機能や部品をカスタマイズして注文することを、BTOと呼びます。BTOの注文を受けたメーカーが、注文どおりにパソコンを組み上げて納品するのも、個人向けのキッティングサービスの一つです。

関連用語 ▶▶ なし

Client Server System

150 クライアント/サーバーシステム（C/Sシステム）

サービスを受けるコンピューターとサービスするコンピューター

POINT
- クライアントはサービスの利用者、サーバーはサービスの提供者
- コンピューターシステムの形態の一つ
- サーバーが主な処理を行い、クライアントがその処理を利用する

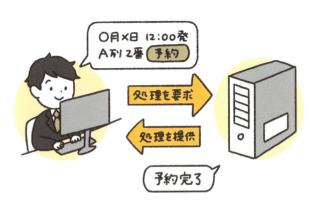

解説 サービスの利用者（クライアント）とサービスの提供者（サーバー）に分離した、コンピューターシステムのことです。サーバーが主な処理を行い、クライアントがその処理を利用します。チケットの予約システムの場合、利用者は端末（クライアント）の予約画面で日時や座席を指定します。その入力内容をサーバーへ送信すると、サーバーが実際の予約を行います。

[TOPIC 1]
C/Sシステムのメリット
一番のメリットは、処理の大部分をサーバーが行うため、システム全体を管理しやすい点です。また、クライアントも一部の処理を分担することで、サーバーに負荷がかかりすぎるのを防ぎ、全体として安定した素早い処理を行える点もメリットです。

[TOPIC 2]
C/Sシステムのデメリット
クライアントが処理の一部を分担することになると、そのアプリケーションの保守管理が必要になる点は、デメリットとなります。そのため、クライアント専用のアプリケーションを用いず、Webブラウザだけを使用するシステムもあります。

関連用語 ▶▶ 集中処理と分散処理 → p.076、シンクライアント → p.173

第6章 ビジネス

151

Open System

仕様が公開されているコンピューターシステム

オープンシステム

POINT
- ▶ 技術や仕様が誰にでも公開されたコンピューターシステム
- ▶ 公開された仕様に合わせ、複数製品の組み合わせやカスタマイズが可能
- ▶ IBM に対抗した UNIX OS がオープンシステムの始まり

解説 内部の技術や仕様が、誰にでも公開されたコンピューターシステムです。いろいろな製品を組み合わせて作り上げたサーバーや、さまざまな通信機器を組み合わせたインターネットなどもオープンシステムです。公開された仕様に合わせて、使いたい機器や機能を組み合わせるカスタマイズや、仕様に合わせてアプリケーションを自作できるなどの特徴があります。

[TOPIC 1]
狭義のオープンシステム

狭義のオープンシステムは、ライセンス不要な技術だけで作られたシステムです。IBM製の独自仕様のシステムしかなかった1980年代に、仕様を公開し第三者がシステムを作ることを認めた UNIX オペレーティングシステム（OS）の思想に由来します。

[TOPIC 2]
オープンシステムのメリット

公開仕様に合わせて、自分に必要なアプリケーションを作ったりカスタマイズしたりできる、高い柔軟性があります。また、ハードディスクのように多くの種類の製品から、性能や価格など、自分の目的に合わせて選択できる高い自由度もあります。

関連用語 ▶▶ オープンソース・ソフトウェア → p.111、IBM → p.309

152 シンクライアント

Thin Client

表示以外はあまり仕事をしない端末

POINT
- ▶ 機能を最小限に抑えたクライアント端末
- ▶ OS・アプリの処理やデータの保存はすべてサーバー側で行う
- ▶ シンクライアントの利用にはサーバーとの通信が必要

解説 クライアント/サーバーシステムで使われる、機能を最小限に抑えた端末をシン（薄い）クライアントと呼びます。基本的にサーバーがOS・アプリの処理を行うため、シンクライアントの行う処理は少なく、データもサーバーに保存します。低価格で持ち運びやすい軽量なノートパソコンやタブレットをシンクライアントとし、テレワークや出張用に利用されています。

[TOPIC 1]
シンクライアントの弱点
シンクライアントを使うためには、サーバーとのデータ通信が必要です。シンクライアントはサーバー側に多くの処理を任せるため、通信が不安定だと、実際に使用する場面では、遅い・反応がないなど使い勝手の悪さが目につく可能性があります。

[TOPIC 2]
Web クライアント
Web サーバーと連携して動作する端末側のアプリを、Web クライアントと呼びます。Chrome などのブラウザや Zoom のアプリなどです。シンクライアントは端末自体を表すのに対し、Web クライアントはソフトによるサーバーとの役割分担を意味します。

関連用語 ▶▶ クライアント / サーバーシステム（C/S システム）→ p.171、デスクトップ仮想化 → p.175

153 リモートアクセス

Remote Access

離れた場所からコンピューターにアクセスする

POINT
- ▶ 社外のコンピューターから社内ネットワークに接続すること
- ▶ テレワーク推進や、出張の代わりに利用されている
- ▶ VPN や社外の端末の認証や暗号化で、セキュリティ対策を行う

解説 社内のパソコンに、社外のパソコンや端末から接続することです。物理的に社外でも、仮想的に社内ネットワークの中にある機器として扱います。テレワーク促進や出張削減などに利用されています。VPN（▶1）を使ったリモートアクセスが主流ですが、環境によりダイヤルアップ接続とRAS（▶2）も利用します。また、リモートアクセス環境を提供するサービスもあります。

[TOPIC 1]

VPN（ブイピーエヌ）

Virtual Private Network の略で、社外の端末と社内ネットワーク間の通信にインターネットを使うとき、データを暗号化して仮想的な社内専用線として使います。VPN 開始時に、特定のアドレスにアクセスし、端末の認証と暗号化のやり取りを行います。

[TOPIC 2]

ダイヤルアップ接続と RAS

ダイヤルアップ接続は、電話などの公衆回線経由で社内ネットワークにアクセスすることです。RAS（Remote Access Server）は、この社外からのアクセスを認証して社内ネットワークに接続するための専用サーバーです。

関連用語 ▶▶ なし

154 デスクトップ仮想化

1台のパソコンにデスクトップが2つ

Desktop Virtualization

POINT
- 遠隔のパソコンの画面を手元のパソコンに表示して操作すること
- VDI（仮想デスクトップ基盤）とも呼ばれる
- 遠隔のパソコンのデータを持ち出さずに操作できるのがメリット

解説 遠隔のコンピューターが作ったパソコンと同じ画面を、自分のパソコンの画面上で見ることです。自分のパソコン本来の画面と、デスクトップ仮想化の画面の2つを表示することもできます。例えば、自宅から会社のパソコンにログインして、実際の処理やデータは会社のパソコンを使い、自宅のパソコンは会社のパソコンの画面のコピーを映し出すだけに使います。

[TOPIC 1]

VDI（Virtual Desktop Infrastructure）

VDI（仮想デスクトップ基盤）は、デスクトップ仮想化と同じとする説明も多く見られ、機能的には同じ内容です。ただし、VDIには本格的なサーバーを用意した集中管理の意味合いがあり、大規模なデスクトップ仮想化を行う場面により適した用語です。

[TOPIC 2]

テレワークと仮想デスクトップ

テレワークでは、自宅で作業するために重要なデータを持ち出す必要も出てきます。仮想デスクトップを使えば、データは社内に置いたままで、社内にあるコンピューターを使って作業できるため、こうしたセキュリティ上の心配を無くせます。

関連用語 ▶▶ シンクライアント → p.173、SaaS、PaaS、IaaS、DaaS → p.145

第6章 ビジネス

155 データウェアハウス

Data Warehouse

経営に役立つデータの倉庫

POINT
- ▶ 企業の意思決定のための大量の業務データとその管理システム
- ▶ データの分析に適した特徴を持つ
- ▶ データウェアハウスのデータは時間に比例して増大する

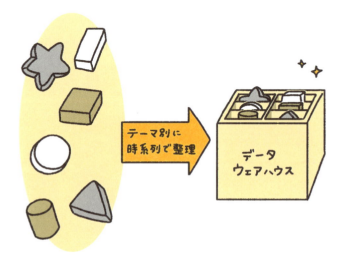

解説 企業の意思決定を支える大量の業務データとそれを管理するシステムです。日々の企業活動で発生する各種のデータを、①経理・営業・生産など複数部門をまたぎ、②商品や関係企業のようなテーマ別に、③すべてのデータを時系列で整理し、④消去や変更を行わないという4つの特徴を持ちます。データを整理する際は、一貫性のあるデータに再編成（▶1）します。

[TOPIC 1]
データの再編成
データウェアハウスは、複数の部門の異なる基幹系システムからデータを集めてきます。そのため、データの書式の違いや、有効桁数など細部での不一致があり得ます。このような違いを吸収し一貫性のあるデータとするのが、データの再編成です。

[TOPIC 2]
データレイク（Data Lake）
企業データを蓄積するシステムとして、データレイクもあります。湖が大量の水を貯めるように、大量のデータをそのまま保存します。あらゆるデータを保存するので、分析したいテーマが決まったときに必要なデータを集められるのがメリットです。

関連用語 ▶▶ データベース → p.121、BI → p.177

156 経営判断に使う情報を提供するITシステム
BI（ビーアイ）

Business Intelligence

POINT
- ビジネス・インテリジェンスの略語
- 企業内の各種データを経営者の意思決定に役立つ形にすることを指す
- BIツールは、データの抽出・解析・加工、レポート作成などを行う

解説 　企業の持つ各種データを活用し、経営戦略の立案に役立つ情報を提供するITシステムとプロセスの総称です。例えば売上拡大のためのBIでは、商品の販売実績を収集し、各商品の販売量と地域・時期の関係などを解析・加工し、グラフや表で提供します。さらに、データを前月比・前年比・月別・地域別・顧客別などの形式にすることで、経営者の判断を支援します。

[TOPIC 1]

BIツール

BIを実行するためのツールです。一般的には、データマイニング機能、データをリアルタイムで解析するオンライン分析処理（OLAP）機能、Webサイト上での各種グラフや表を使ったダッシュボードによる報告機能などを備えています。

[TOPIC 2]

ビジネス・アナリティクス（BA）

BIと似た用語に、BA（Business Analytics）があります。BAはデータの活用により将来を予測し、その予測を元に新規事業開拓や追加投資・撤退・現状維持などの意思決定を行うことです。BIは意思決定の支援、BAは意思決定そのものという違いがあります。

関連用語 ▶▶ データマイニング → p.178、データウェアハウス → p.176

157 データマイニング

Data Mining

膨大なデータの中にある隠し絵探し

POINT
- ▶ 膨大なデータの中から、関連のある事象を探し出すこと
- ▶ その内容は、一見単なる模様から絵を探し出す隠し絵に似ている
- ▶ おむつとビールが一緒に買われることを発見した事例が有名

解説

マイニングは採掘を意味し、膨大なデータの中から、関連のある事象を探し出すことです。例えば、商品の売上と他のさまざまなデータを照らし合わせて、売上と相関がある異なるジャンル商品や、同じユーザー層の中の非常に小さな違いなどを見つけます。探し方には、関係性の仮説を立てて調べる方法と、仮説を立てずにAIを使い見つけ出す方法があります。

[TOPIC 1]

データマイニングの例

1990年代のアメリカのスーパーで、売上伝票からおむつとビールが一緒に買われる傾向が見つかりました。来店者のデータと一緒に分析した結果、母親に頼まれておむつを買いに来た父親が買っているとわかり、両方を並べて陳列して売上を伸ばしました。

[TOPIC 2]

テキストマイニング

データマイニングの一種です。テキスト(文字や会話)を対象として、その中から有益な情報を探し出します。解析対象はアンケートの回答やコールセンターの会話などで、サービス提供側の対応方法や顧客サービスの問題点の把握などに利用されます。

関連用語 ▶▶ BI → p.177、人工知能(AI) → p.194

158 シャドー IT

Shadow IT

IT管理者が知らない社内のITシステム

シャドー IT（アイティー）

POINT
- ▶ 私物のスマートフォンや私用の LINE などを業務利用すること
- ▶ 部署が IT 部門に断りなく外部 Web サービスを使用することもそれに当たる
- ▶ IT 部門が管理しないシャドー IT は情報漏えいなどのリスクを高める

解説 企業や組織内で使用が認められていないITサービスやITデバイスなどを、業務に使用することです。私物のパソコンやスマホの業務利用、私用のLINEで業務連絡、IT部門に無許可で営業など社内部門が社外のクラウドやWebサービスを利用する、などさまざまあります。IT部門が管理しないシステムやサービスの利用は、情報漏えいやなりすましなどのリスクを高めます。

[TOPIC 1]
シャドー IT が起こる理由

次々に登場するビジネスチャットやファイル共有アプリなど、便利な IT ツールを使いたい社員の要望に、公式なシステムがすぐ対応できないことが背景にあるといわれます。社用デバイスの持ち出し手続きが煩雑だったりすることもきっかけとなります。

[TOPIC 2]
BYOD（Bring Your Own Device）

シャドー IT を防ぐ一つの手段として、企業や組織の一定の管理と条件下で、個人所有のデバイスの持ち込みと使用を認めることです。この場合も、個人デバイスのセキュリティ対策は必須ですが、社員は使い慣れたデバイスを使えるメリットがあります。

関連用語 ▶▶ クラウド → p.138

第6章 ビジネス

159 EC

Electronic Commerce

店舗に行かずにスマホで買い物

POINT
- ▶ インターネットを利用して商品やサービスを売買すること
- ▶ 場所を問わず売買でき、販売者と消費者の両方にメリットがある
- ▶ ECサイトは楽天などのシステムを利用するか、自前で立ち上げる

解説 ネット通販やネットショッピングなど、インターネットを利用して商品の発注と決済を行うことです。電子商取引とも言います。ECの普及により、従来は難しかった地域や国をまたぐ販路の拡大と、店舗コスト削減などによる値下げが進み、販売者と消費者の両方にメリットが生じました。その半面、価格競争の激化やECならではのトラブル（▶1）も発生しています。

[TOPIC 1]
ECのトラブル

商品に関するトラブルと、支払いに関するトラブルがあります。商品では、実物と写真との差や細部の説明不足・誤解によるトラブルが目立ちます。支払いでは、キャンセルの手順と返金時期・方法の説明不足や、送料の誤解などのトラブルがあります。

[TOPIC 2]
ECの出店と開店の違い

ECの出店とは、Amazonや楽天のような大手通販サイトの中のテナントとして出店することです。それに対してECの開店とは、自前のECサイトを立ち上げます。例えると、駅ビルのテナントとして開業するか、独立店舗として開業するかの違いです。

関連用語 ▶▶ B2B、B2C、C2B、C2C → p.068

160 CMS と WordPress
Web サイトを一括管理するソフトウェア

Content Management System / WordPress

POINT
- ▶ CMS は Web サイトの情報を一括管理するアプリのこと
- ▶ Web サイト全体を通した編集や管理ができるようになる
- ▶ WordPress は CMS として普及したオープンソースのアプリのこと

解説 CMSは、Webサイトの運用者が使うサイトの情報を一括管理するアプリケーションです。WordPressはCMSの一つです。Webサイトの開発が始まった当初は、ページ間のリンクやデザインを記述するにはページごとに編集が必要で、非常に手間のかかる作業でした。CMSはこのような作業を管理画面から容易に行えるため、個人ブログなどで広く利用されています。

[TOPIC 1]
CMS の機能
Web サイトは、HTML・CSS・JavaScript・画像ファイルなどの、いろいろな部品からできています。以前はこれらをバラバラに扱っていましたが、CMS は種類ごとに管理してページを構成できるので、サイト全体の調整が楽にできます。

[TOPIC 2]
WordPress の特徴
ブログ向けに開発され、その後 Web サイト用に拡張され普及しました。自前のサーバーや Web サイト用のレンタルサーバーにインストールして利用します。サイトで使える地図やコンタクトフォームなどを、プラグインとして手軽に追加できます。

関連用語 ▶▶ オープンソース・ソフトウェア → p.111、プラグイン、アドイン、アドオン → p.115、HTML と XML と CSS → p.247

161

Search Engine Optimization

検索結果で上位に表示されるための対策
SEO
エスイーオー

POINT
- ▶ 検索エンジンで上位に表示するために行う各種の対策
- ▶ 上位に表示されれば、Webサイトの売上や知名度の向上が期待できる
- ▶ サイトの内容の適切さや、他のサイトからリンクされている数が重要

解説 Webサイトが、Googleなどの検索エンジンで上位に表示されるための各種の対策です。具体的には、特定の検索キーワードに対して検索エンジンから最適なWebサイトと判定されるよう、検索アルゴリズム（▶1）を意識したWebサイトの設定やリンク先の調整などを行います。検索結果の上位に表示されると、サイトが認知されやすくなり、売上や知名度の向上が期待できます。

[TOPIC 1]
検索アルゴリズム
検索エンジンは、検索キーワードにサイトの内容が一致する度合いや、内容の適切さを評価しています。これが検索アルゴリズムです。Webサイトの重要度は、サイト自身だけでなく、リンクしている外部サイトの評価も重要なポイントです。

[TOPIC 2]
評価に使う情報
検索エンジンは、クローラーを使って収集したWebページの情報を元に、サイトの評価を行います。このとき収集するのはテキスト情報なので、サイトの見た目の色使いや、画像の綺麗さなど、文字として認識できない内容は考慮されません。

関連用語 ▶▶ アルゴリズム → p.106、クローラー → p.251、CTR → p.183、
PVとLPOとCVR → p.185、Google → p.296

162

Click Through Rate

クリック数をカウントして広告の効果を測る
CTR
シーティーアール

POINT
- ▶ Webサイトや広告が表示されたうち、実際にクリックされた数の割合
- ▶ 100回表示されたうち1回クリックされた場合、CTRは1%
- ▶ CTRが高いほど、ユーザーにアピールできていると考えられる

解説 Googleなどの検索結果に表示されたWebサイトや、各種Webサイトに表示された広告が、どれだけクリックされたかを表す指標です。クリック率とも呼ばれ、実際のクリック数を表示回数で割って求めます。一般論としてCTRが高いほど、Webサイトや広告へうまく誘導していて、広告の商品の売れる可能性も上がります。そのため、CTRを上げるためのSEO（▶1）が行われています。

[TOPIC 1]
CTRを上げるSEO
検索結果やブラウザ画面上に配置される広告は、検索上位やページ上部にあるほどCTRが高くなるので、検索上位に表示されるようなキーワードを効果的に使います。また、ユーザーが見たい・知りたいと思えるよう内容を充実させます。

[TOPIC 2]
広告効果のバロメーター
CTRは、対象とするユーザーに対して、広告がどの程度アピールできているのかを測るバロメーターです。CTRが低い場合は、ユーザーが入力した検索キーワードと表示されるサイトの概要や広告の関連性を確認し、アピールする内容に改善します。

関連用語 ▶▶ SEO → p.182、Google → p.296

163

A/B Testing

A案とB案を比べて良いほうを選ぶテスト
A/B テスト

POINT
- ▶ Webサイトでデザインを評価するテストの手法
- ▶ 特定の要素に差をつけたA案とB案で、デザインの良し悪しを判定
- ▶ Web広告のクリック率を改善するためにも使われる

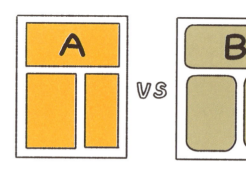

解説 Webサイトの、広告やバナーを含めたデザインを評価するテストのことです。例えばWebサイトのテーマ色を赤青のどちらが良いかテストする場合、赤で統一したパターンと青で統一したパターンを用意し、アクセスしたユーザーにどちらかのパターンをランダムに表示します。一定期間テストした後、例えばページ閲覧数などあらかじめ決めておいた指標を用いて評価します。

[TOPIC 1]
比較するパターン
重要なのは、テストする前に何を目的に何を比較するのかを明確にすることです。そのうえで、比較数や比較内容を決定します。その結果、比較するパターンを3つ以上としたり、色とフォントなど同時に複数の要素を変更したりすることもあります。

[TOPIC 2]
Meta（旧Facebook）広告の例
Meta（旧Facebook）はビジネスユーザー向けに、広告マネージャというA/Bテスト機能を提供しています。広告マネージャは、比較するパターンの作成から、結果の評価方法の選択やテスト期間の設定と実行までをサポートしています。

関連用語 ▶▶ PVとLPOとCVR → p.185、Meta（旧Facebook） → p.299

164

Page View / Landing Page Optimization / ConVersion Rate

サイトの人気度を可視化する
PVとLPOとCVR
ピーブイ　　エルピーオー　　シーブイアール

POINT
- ▶ PV（ページビュー）はページ閲覧数
- ▶ LPO（ランディングページ最適化）は広告からサイトに訪れる人への対策
- ▶ CVR（コンバージョンレート）は訪問者が実際に購買した割合

解説 　PVはページ閲覧数、LPOはサイト訪問者が最初に目にするページを最適化すること、CVRは訪問者が実際に購買行動を起こす割合です。いずれもWeb広告からECサイトの売上を伸ばす対策で重視されています。訪問者（PV）を増やし、訪問者が最初に訪れるページを購買につながるよう最適化（LPO）すると、購買につながる割合（CVR）が高くなる、という関係があります。

[TOPIC 1]
LPOを行いCVRで評価する
例えば欲しい商品AのWeb広告をクリックしてサイトに訪れたユーザーが、商品Aをすぐに見つけられるように、その場所を明確に伝える対策がLPOです。その結果として、実際の購買行動（コンバージョン）につながった率をCVRで評価します。

[TOPIC 2]
セッション数
訪問者がWebサイト内で見たページ数によらず、一定の時間同一サイトに留まったときを1と数える、セッション数（訪問数）という数え方があります。セッション数1に対しPV数が大きいほど、サイトの内容が充実していることになります。

関連用語 ▶▶ SEO → p.182、EC → p.180

165

User Interface / User eXperience

使う人の印象は触ったボタンやスイッチで決まります

UIとUX

POINT
- ▶ UI（ユーザーインターフェース）は、ユーザーが実際に触れるモノ
- ▶ UX（ユーザーエクスペリエンス）は、ユーザーが触れた感想・体験
- ▶ 実際に触れて使いやすい物やサービスは、高評価な体験をもたらす

解説 ユーザーが物やサービスに触れるポイントが、UIです。パソコンのマウスなどの入力装置、商品を選択し買い物かごへ入れるネットショッピングの画面、カーナビの音声ガイドなどが一例です。一方、物やサービスの利用を通したユーザーの体験がUXで、その評価は楽しさや心地よさなどユーザーの満足度で表されます。ユーザーの口コミレビューはUX測定（▶1）の一種です。

[TOPIC 1]
UX測定
伝統的なUXの測定法にインタビューがあり、ユーザーの意見を定性的な評価値として利用します。他にも、専門家のチェックリストを利用して、Webサイトの構造や対応するデバイス、Webアクセシビリティ対応の度合いなどを評価する手法もあります。

[TOPIC 2]
UIとUXの関係
UIはユーザーがサービスに直接触れる部分なので、よくできたUIに対しユーザーは好印象を抱き、その逆ならユーザーは悪印象を抱くという形で体験であるUXを左右します。UIとUXの評価が、ユーザーがサービスをリピートするかどうかにつながります。

関連用語 ▶▶ ストーリーボード（UXデザイン）→ p.187

Storyboard (UX Design)

166

体験を設計し体験を売る方法
ストーリーボード（UX デザイン）

POINT
- 提供する体験を絵コンテにして、みんなで検討するための手法
- ユーザーにして欲しい体験を、絵とストーリーで考える
- 価値のある特別な空間や、時間の体験を売ることを目指す

解説 ストーリーボードとは、ユーザーが製品やサービスを利用する際のストーリー展開を絵で表現したものです。ユーザーの体験をデザインするという意味で、UXデザインと呼びます。元々のストーリーボードは、映画やドラマの絵コンテを意味します。絵コンテを作るように、ストーリーボードの作成を通して、製品やサービス利用時のより良い体験の流れを考えます。

[TOPIC 1]
体験をデザインする
ユーザーが欲しい商品を簡単に見つけて買えるような、ネットショップのサイトを設計するのが、体験のデザインです。探している商品はあるのに、検索できない・商品説明が違う・ページが重くて開かない、という体験をさせては購入につながりません。

[TOPIC 2]
体験を売る
製品やサービスではなく、体験を売るのがUXデザインの神髄といわれます。ディズニーランドやスターバックスコーヒーは体験を売るビジネスを前面に出しており、その場にいることで感じる幸福感や価値に対して、お金を払ってもらうという考え方です。

関連用語 ▶▶ UI と UX → p.186

167

Universal Design / Web Accessibility

説明なしで誰でもわかるデザイン
ユニバーサルデザインとWebアクセシビリティ

POINT
- できるかぎり多くの人が使えるようにデザインすること
- ハンデがある人に配慮したWebサイトは、みんなが使いやすい
- 使用する色や文字の書体は、Webサイトの使いやすさに影響する

解説 ユニバーサルデザインとは、誰にでも意図が通じるデザインのことです。例えば、緑の人物が出口に向かって走る非常口のサインは、世界中の誰が見ても理解できるようにデザインされています。この考えをWebサイトに当てはめ、内容が一目でわかるタイトルにする、色の使い方を統一するなど、誰にでも使いやすいようにデザインすることがWebアクセシビリティです。

[TOPIC 1]
ユニバーサルデザインの例

ユニバーサルデザインは、非常に幅広い分野を対象としています。車いす用のスロープは「誰もが通れること」、シャンプーボトルのポンプの頭の凸凹は「誰もがリンスと区別できること」を目指して設計された、ユニバーサルデザインの一種です。

[TOPIC 2]
Webアクセシビリティの規格

日本のWebアクセシビリティの規格は、国際標準（ISO）を元に日本産業規格（JIS）が定めています。高齢者や障害者に配慮したマルチデバイス対応や音声読み上げなど、規格を守ることで結局誰もが使いやすいものになります。

関連用語 ▶▶ なし

168

Creative Commons (CC)

組み合わせて作る、誰もが自由に使えるライセンス
クリエイティブ・コモンズ

POINT
- ▶ 作者が著作権を保持したまま、第三者の再利用を認めるライセンス
- ▶ 従来の著作権よりも柔軟な運用が可能
- ▶ クリエイティブ・コモンズは団体名だが、ライセンス名として通称化

解説 　作者が著作権を保持したまま、第三者が合法的に再利用できるライセンスのことです。従来の著作権が、「原則権利者の死後70年まで保護」か「一切の権利を放棄」という極端な2択なのに対して、クリエイティブ・コモンズはライセンス条件に沿うかぎり、著作権者の許諾なしで作品を自由かつ無料で再利用を認める、著作権の柔軟な運用を可能にしています。

[TOPIC 1]
コピーレフト（Copyleft）

コピーライト（Copyright、コピーを許可する権利）に対して、コピーレフトと呼ぶ、著作権を放棄せずプログラムの自由配布と改変を可能とする運動があります。コピーレフトの著作物を利用した場合、その成果物もコピーレフトとして公開しなければなりません。

[TOPIC 2]
CC0（CC ゼロ）

著作者が、一切の著作権の保有を放棄する宣言です。著作権は作品の作者に自動的に付与され、それを放棄しようとしても正式な規定がありませんでした。CC0には法的な強制力はありませんが、利用者側に著作者の意思を伝える手段となります。

関連用語 ▶▶ なし

169 オウンドメディア

Owned Media

自社の広告を配信するための自社のメディア

POINT
- ▶ Web サイトやカタログなど、自社が持つメディアのこと
- ▶ テレビなどと違い、ユーザーに直接アプローチできるのが特徴
- ▶ 従来型の広告や、SNS での口コミ獲得などと連携して活用する

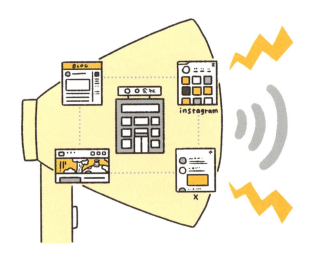

解説 広告を出す企業自身が所有するメディアのことです。オウンドメディアが現れた背景には、ユーザー層のネット利用の飛躍的な拡大があります。従来のテレビや雑誌など（▶1）のメディアを使った広告配信に対し、オウンドメディアはWebサイト・ブログ・SNSなどを利用してターゲットとするユーザー層ごとに直接、きめ細かな情報発信できる点が強みです。

[TOPIC 1]
ペイドメディア（Paid Media）
テレビや雑誌・インターネットの広告は、ペイドメディアと呼ばれ、広告代理店などに広告の制作と配信を依頼します。露出度とユーザーの認知効果が高い点がメリットですが、オウンドメディアに比べ高額でターゲットを絞りづらい点がデメリットです。

[TOPIC 2]
トリプルメディア戦略
ツイートや SNS で拡散されるユーザーレビューを通し、製品やサービスが信頼を獲得する手法をアーンドメディア（Earned Media）と呼びます。オウンドメディア、ペイドメディアと組み合わせ、相乗効果を生むマーケティング手法が、トリプルメディア戦略です。

関連用語 ▶▶ SNS → p.151

170 オムニチャネル

Omnichannel

多くの経路を使って顧客とつながる

POINT
- 複数の販売経路を連携し、ユーザーに一連のサービスを提供すること
- EC店舗で購入した商品を実店舗で受け取る
- オムニは「すべて（all）」、チャネルは「顧客との接点」という意味

解説

企業とユーザーとの間にあるすべての接点（チャネル）を使い、ユーザーに提供するサービスをチャネル間で連携させる販売チャネル戦略です。例えば、ある小売企業に実店舗とEC店舗があった場合、EC店舗で商品を購入し、後日実店舗で商品を受け取るといった連携です。複数の販売経路をまたぎながらも、ユーザーには一連の流れに見える仕組みを提供します。

[TOPIC 1]
O2Oマーケティング

O2Oマーケティングは、ユーザーをオンラインからオフライン（Online to (2) Offline）へと誘導する、つまりユーザーの具体的な来店行動を促す仕組みの提供です。例えば、来店時に使える電子クーポンの配布やレストランのオンライン予約などがあります。

[TOPIC 2]
マルチチャネルとクロスチャネル

複数の販売経路を用いるのがマルチチャネル、マルチチャネルのチャネル間での在庫管理や顧客管理の連携がクロスチャネルです。オムニチャネルはさらに、商品広告から商品の購入と実際の入手まで、購買体験の最適化を推し進めたものと言えます。

関連用語 ▶▶ EC → p.180

column 2 仕事に生かせる国家試験！ ITパスポート試験

　ITの基礎知識を有していることを証明する資格の一つに、「iパス（アイパス）」と呼ばれるITパスポート試験があります。

　ITパスポート試験は、IT技術者向けの試験というより、IT社会で働くうえで必要となるITに関する基礎知識を習得していることを証明するものとして、経済産業省が所管する独立行政法人 情報処理推進機構（Information-technology Promotion Agency：IPA）が実施する国家試験です。

　iパスを保有することのメリットは、企業活動に関係する多くのITの知識を得られることです。取得しようとする個人にとって、業務に必要なITの基礎知識が身につくだけでなく、企業や組織にとってもITを理解する社員を多数有することで、ITによる業務効率化やコンプライアンス活動をより容易に推進できるようになります。また、就職や進学などの場面での自己アピールにつなげたり、大学入試での優遇措置や単位認定に使えたりといったメリットもあります。

　受験目的ではなくても、学生のみなさんや、企業を背負ういわゆる文系ビジネスパーソンほど、仕事に生かせるITの知識を体系的に学べる点で価値があるのではないかと思います。

　これから少しずつITのことを知りたいと思う方は、ITパスポートの中の、興味あるテーマから取り組んでみてはどうでしょうか？

第 7 章

AI

AIの最新技術がわかるIT用語

機械学習とは何ですか？

機械学習とは、コンピューターにたくさんのデータを与えて学習させ、経験からパターンを見つけ出し、それを使って未来の予測や判断をする仕組みのことです。

たとえば、次のようなことができます：
・写真を見せて「これは猫か犬か」を判断する。
・過去の天気データを使って「明日の天気」を予測する。
・あなたが好きそうな映画や音楽をおすすめする。

機械学習は、人間が1つ1つ指示しなくても自分でデータをもとに学び、賢くなるという点が特徴です。

171

Artificial Intelligence

人間の考え方を真似するコンピューター
人工知能（AI）

POINT
- ▶ AIの実体はコンピュータープログラム
- ▶ 情報をインプットすることでAI自身の判断力を形成していく
- ▶ 画像認識や自動運転など、特定の用途に特化したAIが活用されている

解説 人間が持つ自ら考える力を、コンピューターで実現する技術のことです。AIの実体はコンピュータープログラムです。通常のプログラムは与えられた指示と情報だけを処理しますが、AIのプログラムはすべての指示を必要としない自律性と、条件が変化しても処理できる適応性を持ちます。こうした特性により、画像に写っている人の顔の識別などが可能となります。

[TOPIC 1]

強いAI、弱いAI

AIの呼び方の一つで、人間のように多様な問題を扱えるのが強いAI、特定の領域の問題を扱うのが弱いAIと呼ばれます。私たちの身近で紹介されるAIは、碁を打つ、チャットができるなど、大多数が弱いAIに当たり、これらは特化型とも呼ばれます。

[TOPIC 2]

AIの事例

写真の中の猫を見分ける画像認識は、AIを一躍有名にしました。それを進化させたAIは、自動運転、セキュリティ、遠隔医療など幅広い応用が期待されています。東大入試に挑むロボットやプロ棋士と勝負するAIなども、ニュースで注目を集めています。

関連用語 ▶▶ 機械学習 →p.195、ディープラーニング（深層学習）→p.196、シンギュラリティ →p.197

172 機械学習

Machine Learning

コンピューターが勉強することです

POINT
- コンピューターにデータを与えて学習させる、人工知能技術の一つ
- 答えのついたデータをAIに与える方法を教師あり学習という
- 答えのないデータからAIが答えを探す方法を教師なし学習という

解説 「機械」であるコンピューターが人のように「学習」することを意味する、人工知能を実現する技術の一つです。機械学習には、事前に答えを教える教師あり学習（▶1）とAI自身が答えを探す教師なし学習（▶2）があります。身近な例では、手書き文字の自動認識や、ネット通販の購入履歴を元にしたお勧め商品の広告の選択などに機械学習が使われています。

[TOPIC 1]
教師あり学習
先生が生徒に教えるように、人間がAIに正解を指示する学習方法です。猫を認識させるAIであれば、猫の写真にこれは猫だというラベルをつけてAIに学習させます。教師あり学習は、写真の中の猫がどんな写り方でも探し出すといった使い方に向きます。

[TOPIC 2]
教師なし学習
猫の例では、AIに大量の猫の写真を与え、AIがそこから類似する情報を抽出する中で、自ら猫を認識するような学習方法です。教師なし学習は、あらかじめ正解のない中でデータの特徴を見つけたり、データをグループ分けしたりするのに向きます。

関連用語 ▶▶ 人工知能（AI）→ p.194、ディープラーニング（深層学習）→ p.196

第7章 AI

173

Deep Learning

何を学ぶかコンピューターが自分で考える
ディープラーニング（深層学習）

POINT
- ▶ 機械学習の手法の一つで、特に教師なし学習に適している
- ▶ 脳をモデルにしたニューラルネットワークを応用したもの
- ▶ ニューラルネットワークの層が深い（多い）ので、ディープと呼ぶ

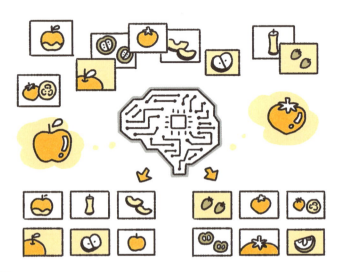

解説　ディープラーニングは機械学習の手法の一つです。特に、学習すべき特徴点をコンピューター自身が見つける、教師なし学習に適しています。学習すべき特徴点とは、画像認識を例にすると色・形・模様などですが、学習により赤いリンゴと赤いトマトの違いのように、確かに違うけれど単純な色（赤）や形（球形）では区別できないような差を認識することができます。

[TOPIC 1]
ニューラルネットワーク

人の脳内には大量の神経細胞（ニューロン）があり、パルス状の電気信号でニューロン間の情報伝達を行います。人の脳をコンピューターに置き換えるため、この情報伝達を数理モデルとしたのがニューラルネットワークです。1950年代に提唱されています。

[TOPIC 2]
学習するほど賢くなる

ディープラーニングは繰り返し学習することで、特定の情報の結びつきが強くなります。これは、人の脳が、より多く学習したことほどよりよく対処できるのと同じです。囲碁や将棋のAIは、対戦を繰り返して駒の配置の変化を覚えるほど強くなります。

関連用語 ▶▶ 人工知能（AI）→ p.194、機械学習 → p.195

174

Singularity

人工知能が人類を超える瞬間
シンギュラリティ

POINT
- ▶ 進化した人工知能が自分自身で能力を更新できるようになる日
- ▶ コンピューターとソフトウェアが人間の能力を超えたということ
- ▶ 合理的な判断だけでは、人間を超えられないという反論もある

解説 　人工知能が、人類の知性を超える特異点のことです。人工知能の実体であるソフトウェアは人が作り出したものですが、シンギュラリティは、人工知能が人の力を必要とせずに自身の能力を更新していくことを意味します。この瞬間、人類はそれ以上創造するものが無くなり、社会の大変革が発生するといわれています。これに対して、過大評価という反論もあります。

[TOPIC 1]
2045 年
飛躍的に進化した IT 技術が、今後も同様の速度で進化すると、2045 年には数学的に無限大となる、つまりどこまで進化するか予測できないといわれています。これが、2045年にシンギュラリティに到達するという考えにつながっています。

[TOPIC 2]
マルチラリティ
シンギュラリティは、人類と機械のどちらかが知性の主体になる、二者択一な考え方です。これに対して、知性の限界は個人により異なるものであり、機械が人間を超える状態にも多様性（バラツキ）があるという、マルチラリティの考え方があります。

関連用語 ▶▶ 人工知能（AI）→ p.196

175 データサイエンティスト

Data Scientist

データの意味を考える人

POINT
- ビジネスの意思決定に役立つ情報を、データから探し出す職業
- 人工知能の発展が、データの新しい価値と利用法を示した
- 大量のデータの中に埋もれた意味を見つけ出す力が必要

解説 データに基づいてビジネスにおける意思決定者をサポートする、職業もしくは肩書です。以前から品質管理などでは統計学（▶1）によるデータ解析を行っていますが、近年のビッグデータや人工知能の発展により、あらゆる分野の企業でデータのビジネス的な価値とその活用に関心が高まっています。その流れの中で、データサイエンティストが注目を集めています。

[TOPIC 1]

統計学

統計学は、データを扱う基礎となる学問です。身近でも耳にする平均値や偏差値は、いずれも統計学の用語です。データサイエンティストにはプログラミングなどの IT 技術とともに、意味のあるデータを収集し解析するために統計学の知識が求められます。

[TOPIC 2]

データサイエンティストになるには

データサイエンティストには、プログラミングやデータベースなどの IT 知識、統計学や数理モデルなどの数学的知識、データと市場動向や消費動向などを結びつけるビジネス感覚、そして集めた情報を総合的に活用できる探求心や忍耐力が求められます。

関連用語 ▶▶ 人工知能（AI）→ p.194、ビッグデータ → p.199

176

Big Data

あらゆるものが生み出す大量のデータ
ビッグデータ

POINT
- ▶ 人や物の活動が生み出す、膨大な量のデータの集まりのこと
- ▶ ITの発展で、以前は捨てていた情報を収集・分析できるようになった
- ▶ 膨大なデータの分析から、まったく新しい価値の発見が期待される

解説 膨大な量のデータの集まりのことです。活動するすべての人や物は、情報を発生します。人が歩けば位置情報や血圧・脈拍の数値が変化するのが一例です。多種多様なシステムが集めるデータには、元々の目的以外のデータも多く含まれています。そのような膨大なデータの分析からまったく新しい価値の発見が期待され、ビッグデータとして注目されています。

[TOPIC 1]
ビッグデータの目的
ビッグデータの分析は、いわば知られていない「風が吹けば桶屋が儲かる」を発見することです。分析結果から未知の規則性を発見し、それを利用した新たなビジネスやサービスの創造につなげることが期待されています。

[TOPIC 2]
なぜ今ビッグデータか
データ自体は以前から存在しましたが、これまでは収集・蓄積・分析する能力が不十分でした。コンピューターの処理能力や通信速度の向上、大量のデータを蓄積できるクラウドの普及により、ビッグデータの処理が現実的なものとなりました。

関連用語 ▶▶ データマイニング → p.178、データサイエンティスト → p.198

Natural Language Processing

177 人間とコンピューターが会話するための処理
自然言語処理（NLP エヌエルピー）

POINT
- ▶ コンピューターが文章の意味を理解するための技術
- ▶ 人間が文章を読む時と同じ理解の実現を目指す
- ▶ LLM と似ているが、文章解析の考え方は全く異なる

解説 自然言語を、規則（アルゴリズム）に従い解析する手法です。文を構成する単語を認識し、品詞の判別、文章構造の解析、動詞の時制の判断や、感情を伴う単語の抽出などから、文章の意味内容を理解します。1950年代に人間とコンピューターの会話を実現するコンピューター科学と言語学の一分野として始まり、現在は機械学習も適用しAIの用語にもなっています。

[TOPIC 1]

LLM との関係

コンピューターが自然言語を扱うという点で NLP と LLM は同じという見方と、NLP と LLM は親子関係という見方があります。また、文章の意味内容を理解するかしないかという点からは別のものと理解されるなど、厳密な区分はされていません。

[TOPIC 2]

NLU と NLG

NLU は自然言語理解（Understanding）を NLG は自然言語生成（Generation）を意味し、いずれも NLP の要素です。NLU は文章を文法的に理解する技術に、NLG は人間と同じレベルの文章を作成する技術に着目する場合の用語として使われています。

関連用語 ▶▶ アルゴリズム → p.106、人工知能（AI）→ p.194、機械学習 → p.195、LLM（大規模言語モデル）→ p.201

Large Language Model

178

人間が書くような文章を作れる機械学習モデル
LLM（大規模言語モデル）

POINT
- ▶ ディープラーニングを活用し、単語の関連やつながりの強弱を学習する
- ▶ 単語の意味ではなく、文章内における単語間の相関から文脈を解析する
- ▶ 過去の学習から確率的に確からしい内容を生成するので、鵜呑みは厳禁

解説 ディープラーニングを活用し、自然言語の解析・生成に特化した機械学習モデルです。数百億に及ぶ膨大な量のWeb情報、書籍、新聞、論文等を学習し、単語間の関連性や結びつきの強弱などをモデル化します。ここでの学習とは、単語の意味や品詞を覚えるのと違い、全く知らない外国語もその自然な音の並びを覚えて口真似すると普通の文に聞こえることに似ています。

[TOPIC 1]
LLMの使われ方と注意点

身近な例として、Webサイトで見かける利用者の質問に回答するチャット機能や、翻訳などに広く使われています。ここで、生成された回答は、過去の学習に基づく確率的正しさに依存し、正確性は保証されていないことを理解する必要があります。

[TOPIC 2]
トランスフォーマー

LLMはGoogleが提唱したトランスフォーマーという仕組みを使い文章内の文字間の関連を洗い出し、文脈を解析します。トランスフォーマー内部の、アテンション（気づき）と呼ぶ単語間の相関の強弱を数値化して判別する機能により、文脈を解析します。

関連用語 ▶▶ ディープラーニング（深層学習）→ p.196、Chat GPT、Microsoft copilot → p.216、Google → p.296

179

Deepfake

事実と見間違う AI の嘘
ディープフェイク

POINT
- ▶ 偶然ではなく、作成者が意図的に AI で作った嘘
- ▶ 現代のネット社会では、社会テロの武器として使われる危険性がある
- ▶ 一つの情報だけに頼らず、複数の情報で相互チェックが最善の対策

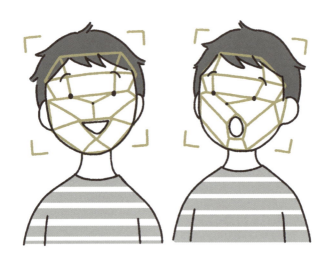

解説 AIのディープラーニングを利用して作った、嘘（フェイク）の情報のことです。通常何らかの目的で人を騙すために、意図的に作られています。例えば、本当にある地名での起こりもしなかった事故の映像や、実在の政治家による実際には無かった演説など、意識せずに見たり聞いたりする程度では、嘘と見分けるのが不可能なほど、もっともらしくできています。

[TOPIC 1]
ディープフェイク・テロリズム
著名人の映像を利用し選挙で特定の候補への支持や投票妨害を行う、架空の事故を拡散し買い占めや一斉避難を誘導する、さらには民族グループ間の架空の闘争映像を作り暴動を誘発するなど、社会テロを引き起こす武器となる危険性が指摘されています。

[TOPIC 2]
嘘の見分け方
画像の例では、画像の不自然さ（視線の向きや口の動き、指が 5 本でない瞬間等）や、映像内の説明と事実の整合性（映っている場所や物と説明との不一致、実際の天候との不一致等）から見分ける方法があります。常に複数の情報でチェックすることが重要です。

関連用語 ▶▶ 人工知能（AI）→ p.194、生成 AI（ジェネレーティブ AI）→ p.203、ディープラーニング（深層学習）→ p.196

Generative AI

180

アーティストのように文章や映像を作る人工知能

生成 AI（ジェネレーティブ AI）

POINT
- 人間のように文章、音楽、映像などを作る、人工知能
- 既に学習した情報から、生成対象に合いそうな内容を選び合成する
- 生成結果は学習内容に依存し、信頼性への疑問や著作権問題も

機械学習とは何ですか？

機械学習とは、コンピューターにたくさんのデータを与えて学習させ、経験からパターンを見つけ出し、それを使って未来の予測や判断をする仕組みのことです。

たとえば、次のようなことができます：
・写真を見せて「これは猫か犬か」を判断する。
・過去の天気データを使って「明日の天気」を予測する。
・あなたが好きそうな映画や音楽をおすすめする。

機械学習は、人間が1つ1つ指示しなくても自分でデータをもとに学び、賢くなるという点が特徴です。

解説 文章、画像、音楽、ビデオなどを生成するAIのことです。1960年代からコンテンツを生成する処理が考案され、単純な内容の生成も始まっていましたが、ディープラーニングを用いるAIの登場でより高度かつ広範な内容を生成できるようなり、一気に普及しました。文章生成のChatGPTや画像生成のStable Diffusionなどが、生成AIとして良く知られています。

[TOPIC 1]
生成とは
生成AIの生成とは、既に学習した内容の中から確率的に関連が強いと学習したものを選択し合成することです。多くのことを学習すればするほど、生成結果も一般性・信頼性が高くなると共に、人間の創作にさえ近い結果を生成できると考えられています。

[TOPIC 2]
課題
生成AIの学習は、ネット上の情報を多用していますが、ネットデータの妥当性・公平性・信頼性が保証されておらず、偏見や差別的表現、明らかな嘘を生成する可能性がつきまといます。また著作権を無視した、有名キャラクターの再利用なども起こっています。

関連用語 ▶▶ 人工知能（AI）→ p.194、LLM → p.201、Chat GPT、Microsoft copilot → p.216、Stable Diffusion、Midjourney、AdobeFireFly（画像生成AI）→ p.213、ディープラーニング → p.196

181 説明可能なAI

Explainable AI

自分の答えを説明できるAI

POINT
- ▶ 従来のAIは学習した処理もその結果もその意味を説明できなかった
- ▶ 結果を説明できないことは、AIの利用を制限する可能性につながる
- ▶ とはいえ、必ずしもAIの結果の全てに説明が必要とは限らない

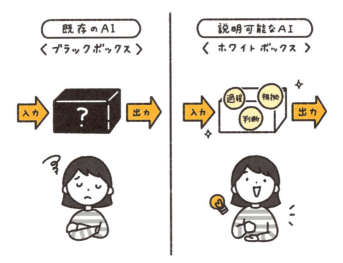

解説

多数の猫の写真を学習したAIは、猫の写真を見せると「猫」と回答しますが、AI自身はその理由を答えられません。説明可能なAIとは、猫の写真を見て、犬や虎ではなく猫と判断した理由を、人間が分かる様に説明できるAIということです。例えば、猫の特徴である目と鼻の位置、足の長さ、毛色等が、学習した猫と強い相関があったから、とAIが自身で説明できるイメージです。

[TOPIC 1]
なぜ説明が必要か？
医療AIがあなたのレントゲン写真から胃ガンと診断したとします。あなたは、その診断結果を理由の説明なしに受け入れられますか？と考えれば説明の必要性が分かります。同様のことは金融商品紹介AIでの銘柄判定や、記述試験でのAI採点などでも起こりえます。

[TOPIC 2]
何でも説明が必要か？
説明を行うには、そのための計算（＝コスト）が発生します。人間の主観で判断して良いこと、例えば、画像生成AIに生成させた絵の中から好きな絵を選ぶ場面で、どうしてその絵を作ったのかを、コストをかけて説明する必要性は低いと考えられます。

関連用語 ▶▶ 人工知能（AI）→ p.194、AI倫理、AI社会原則、信頼されるAI → p.205

182

Ethics of AI / Principles for trustworthy AI

AIを使う人も作る人も守るべきガイドライン
AI倫理、AI社会原則、信頼されるAI

POINT
- ▶ AI倫理とは、AIが守るべき倫理規範のこと
- ▶ AI社会原則とは、AIを幸福の追求に利用し反社会的目的に使わないこと
- ▶ 信頼されるAIとは、AI倫理とAI社会原則の実現を目指すAIのこと

解説 AIを利用する時やAIのプログラムを作る時に従うべき、社会のルールやガイドラインのことです。今や、AIというコンピューターソフトウェアが、自律的に情報を生成する時代です。ソフトウェアとしてのAIは、潜在的に誤情報や差別・偏見を含む情報を生成する危険性を持っています。3つの用語のいずれも、その危険性を回避し低減するためのAI活用全般への指針です。

[TOPIC 1]
AI倫理

AI倫理は、AIのプログラムが学習により計算式を作る過程の透明性や公正性、生成結果に対する説明性や責任の所在などについての、考え方の枠組みやルールのことです。つまり説明可能なAIを実現し、その結果に説明責任を持つことを意味します。

[TOPIC 2]
AI社会原則と信頼されるAI

2019年に内閣府が発表した「人間中心のAI社会原則」では、「AIの利用は基本的人権を侵してはならない」つまり、幸福の追求に使うもので、過度の依存や反・非社会的目的の利用を禁じています。信頼されるAIは、AI倫理とAI社会原則の実現を目指します。

関連用語 ▶▶ 人工知能（AI）→ p.194、説明可能なAI → p.204

183

Multimodal AI

絵を見せると、それにまつわる話を文章で説明できる AI

マルチモーダル AI

POINT
- ▶ 文章、音声、画像など複数種類の情報を扱える AI
- ▶ AI に与える情報と受け取る情報とで、異なった情報を扱える
- ▶ 単一情報を扱うタイプはユニモーダル AI と呼び、優位点もある

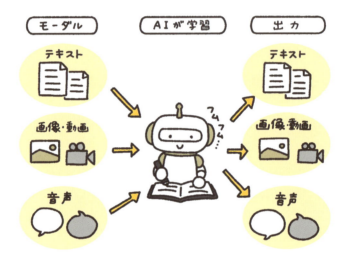

解説 文章、音声、画像など複数形式の情報の入力と処理が可能で、また結果も任意の形式で出力できるAIのことです。例えば風景の写真を入力しその場所の歴史を説明させる、人が集まっている画像とその場の音を入力し何をしているのか説明させる、というイメージです。コンピューターで実行したいことを文章で入力し、プログラムを生成するのもマルチモーダルです。

[TOPIC 1]
生成 AI とユニモーダル AI

マルチモーダル AI は生成 AI の一形態で、対となるものに単一形式の入出力を行うユニモーダル AI があります。一見マルチモーダルが良さそうですが、必要な入出力を限定できる AI 利用法の場合、学習量を削減できるなどユニモーダルにも優位点があります。

[TOPIC 2]
マルチモーダル・ラーニング

元々は、概念などを人に教える時に使う教育技術用語です。AI の分野では、音と映像、画像とテキストなど、複数の形式を持つ入力を AI に機械学習させることです。マルチモーダル AI を実現する重要な学習方法ですが課題もあり、研究が続いています。

関連用語 ▶▶ 人工知能（AI）→ p.194 、生成 AI（ジェネレーティブ AI）→ p.203

184 ファインチューニング、転移学習

Fine Tuning, Transfer Learning

特定の分野向けにAIをカスタマイズする方法

POINT
- ファインチューニングは、特定分野の知識を再学習しAIを強化すること
- 転移学習は、既存のAIモデルを再利用し他の分野に転用すること
- いずれの方法も過学習や負の転移などの課題もある

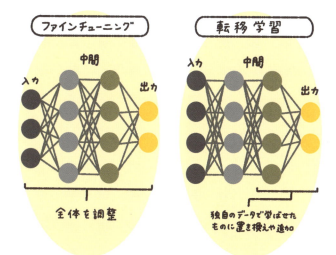

解説 AIのトレーニング方法で、特定分野の知識を強化するのがファインチューニング、学習対象の少ない分野に既存AIの転用や汎用AIを再利用するのが転移学習です。学習済みの業績予測AIがあるとして、特定企業のデータの追加トレーニングにより微調整するファインチューニング、業績予想AIの学習に使った入力部だけ再利用し出力部を独自AIに置換えるのが転移学習です。

[TOPIC 1]
RAG（Retrieval-Augmented Generation）
RAGは検索拡張生成のことで、ファインチューニング同様にAIの知識を強化する方法の一つです。RAGでは、不足する知識を再トレーニングではなく外部データの検索により強化します。自己完結型か外部依存型かが両者の違いといえます。

[TOPIC 2]
それぞれの方法の課題
ファインチューニングでは、少ないデータセットに限った追加学習を行うと、いびつな知識から判断が偏る過学習（Overfitting：過剰適応）を起こします。転移学習では、元のモデルと目的のモデルの違いが大きいと、負の転移と呼ぶ処理精度の低下が発生します。

関連用語 ▶▶ 人工知能（AI）→ p.194、機械学習 → p.195

185 プロンプトエンジニアリング

Prompt Engineering

正しく答えてもらうために正しく尋ねること

POINT
- ▶ 系統立てた AI への入力（プロンプト）を考えること
- ▶ AI の回答精度は、AI への入力（プロンプト）の質に依存する
- ▶ 正しいプロンプトを作ること自体が、自然言語処理でもある

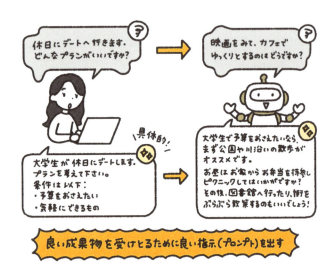

良い成果物を受けとるために良い指示（プロンプト）を出す

解説 　生成AIに解くべき問題を正しく理解させるため、系統立てた指示入力（プロンプト）を考えることです。特に文章を扱うLLMでは、正しい指示を与えることで生成AIの課題であるハルシネーション（AIの嘘）の発生を低減し、的確な回答を得ることができます。キーポイントは、正確で適切な用語を使い、意図が明確で完結した指示や質問をあたえることです。

[TOPIC 1]

CoT プロンプティング

CoT は Chain-of-Thought の頭文字で、思考の連鎖を意味します。例えば風が吹けば桶屋が儲かる式の、段階的に推論する問題を AI に解かせるとき、問題の中に中間ステップの「砂が目に入る」を教え（プロンプトとして与え）、より複雑な問題を解かせる技術です。

[TOPIC 2]

プロンプト生成と NLP

特に LLM の言語モデルに自然言語の質問を正しく理解させる点から、より良いプロンプトを考えることは NLP の一形態ともいえます。文章の構造化が研究されていますが、その考え方をプロンプトエンジニアリングに活用し、適切な指示を考えます。

関連用語 ▶▶ 人工知能（AI）→ p.194、LLM（大規模言語モデル）→ p.201、ハルシネーション → p.209、自然言語処理（NLP）→ p.200

186 ハルシネーション

Hallucination

自分の答えは正しいと信じきる AI がつく嘘

POINT
- ▶ AI が事実として回答した内容が事実と反する、AI の嘘
- ▶ AI への指示の間違いや偏り、AI 自身の学習不足などが原因
- ▶ AI が社会に浸透するほど、AI の嘘が引き起こす社会的リスクが高まる

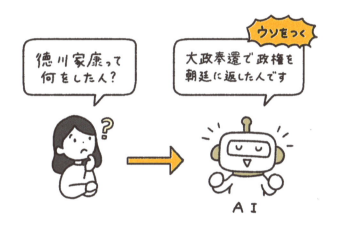

解説 AIが、事実と異なる内容や明らかな嘘を含んだ回答を生成することです。嘘にも関わらず説得力がある、データごと捏造し一見して嘘と分からない、などの特徴があります。人間が認識しない入力情報の過不足や偏り、AI学習データの質の悪さや不均一性などがその原因です。AIはあくまで正しい結果として提示するので、受け取る側もAIの限界の理解が必要です。

[TOPIC 1]
嘘と疑うのは難しい

AI チャットボットに、2021 年に打上げられたジェームズウェッブ宇宙望遠鏡の新発見を質問したところ、世界初の太陽圏外の惑星写真の撮影に成功したと答えました。実は 2004 年に NASA が撮影済みですが、AI の確定的な答えを疑うのが難しい例です。

[TOPIC 2]
社会への影響

AIが社会に浸透しいろいろな判断を行うと、新なリスクも生じます。例えば医療 AI が検査画像内のゴミから誤診し、間違った治療や投薬を行うリスクや、AI が事実でないニュース解説をネット上に拡散し、社会が分断される可能性などが指摘されています。

関連用語 ▶▶ 人工知能（AI）→ p.194、ディープラーニング（深層学習）→ p.196、プロンプトエンジニアリング → p.208

187 AI 拡張型開発

AI-augmented Development

AI ソフトウェアがソフトウェアを開発する

POINT
- ▶ AI がエンジニアに代わりソフトウェアを開発する
- ▶ 今後も不足するソフトウェア開発要員の補完として期待されている
- ▶ AI が開発できるのは学習済みの内容に限られる

解説 ソフトウェア設計における要件定義、コーディング、検査、ドキュメント作成などの多くの工程にAIを活用することです（▶1）。人間の補佐としての活用と、AI単独での自動化があります。ソフトウェア設計には繰り返しや定型化し易い要素があり、AI活用に向くと考えられています。今後もソフトウェア開発要員不足が見込まれ、AI拡張型開発が期待されています。

[TOPIC 1]
AI の活用領域
現在の AI 活用方法には、人間が必要な処理を指示し AI がプログラムコードを生成したり、単一機能レベルのプログラムの自動検査やプログラムの処理を説明するドキュメントの自動作成などがあり、その中ではコード生成が最も進んでいます。

[TOPIC 2]
ソースコードの生成
AI のプログラムの生成は、既に存在するコードを元に、それに続く部分を AI が推測し、学習済みのコードの中から当てはまるものを継ぎ足すイメージです。生成したいプログラムに、まだ学習していない独自の内容がある場合、人手による設計が必要になります。

関連用語 ▶▶ 人工知能（AI）→ p.194

188 アノテーション

Annotation

今何を学習しているのかを AI に教える

POINT
- AI が学習するデータの情報の意味を、AI に説明すること
- 学習した内容が明確なため、AI の回答もより正確になる
- AI 自身によるアノテーション作りも進んでいる

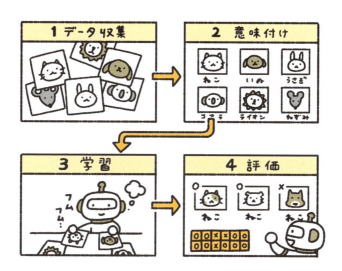

解説 注意書きの意味で、AI の学習データの中に含まれる個々の情報に、その意味を追加し説明することです。画像データの例では、街角の写真の中に車、人、信号機などが写っているとき、それぞれの部分を枠で囲み引き出し線で「車」「人」「信号機」と名前付けします。文章の例では、「肉を鉄鍋で炒める」を「肉［材料］を鉄鍋［器具］で炒める」と表現します。

[TOPIC 1]
アノテーションの重要性
アノテーションを行ったデータを AI の学習に使うことで、AI はデータと同時にその意味を明確に理解した上で学習することが可能となり、学習処理自体の精度が向上します。結果的に、AI の出力の精度と信頼性の向上につながります。

[TOPIC 2]
AI でアノテーションする
アノテーションは人による手作業と同時に、AI（LLM）を使った自動化も可能です。まず、アノテーションの説明ルールを持つ LLM モデルを用意し、次に人が作った正確なアノテーション情報を持つデータをこの LLM に学習させ、モデルを補正した上で使用します。

関連用語 ▶▶ 人工知能（AI）→ p.194、LLM（大規模言語モデル）→ p.201

189

Diffusion model

ノイズの中から画像を復元するAIの学習モデル
Diffusion model（拡散モデル）

POINT
- ▶ 一面のノイズから画像を作り出す画像生成モデル
- ▶ 画像にノイズを加え、一面がノイズになるまでの過程を学習する
- ▶ ノイズ化の学習過程を逆順にたどり、目的の画像を合成する

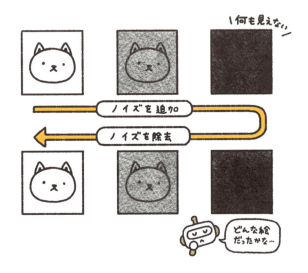

解説

ディフュージョンとは物が散り散りになる拡散のことです。例えば犬の写真に少量のノイズを追加すると犬の像がぼやけますが、この作業を犬が判別できない、つまり一面がノイズになるまで繰り返し、AIにぼやけて行く過程を学習させます。次に、一面のノイズに対し学習した逆順でノイズ除去を繰り返すと犬の画像に戻ります。これが拡散モデルの原理です。

[TOPIC 1]

VLM（画像言語モデル）

何の絵を作るかは文字情報で指示しますが、その理解には文字と絵の関係をモデル化したVLM（Vision Language Model、画像言語モデル）を用います。VLMはマルモーダルAIを使い、それぞれの画像の内容について文字や音声で説明し、AIに学習させます。

[TOPIC 2]

他の画像生成技術

ある入力から作った画像を、本物に近づくように学習させるGAN（Generative adversarial network、敵対的生成ネットワーク）や、画像の特徴点を抽出し、それを元に画像を生成するVAE（Variational Autoencoder, 変分自己エンコーダ）などがあります。

関連用語 ▶▶ 人工知能（AI）→ p.194、生成AI（ジェネレーティブAI）→ p.203、機械学習 → p.195、マルチモーダルAI → p.206、Stable diffusion、Midjourney、Adobe Firefly（画像生成AI）→ p.213

190 Stable diffusion、Midjourney、Adobe Firefly（画像生成AI）

リクエストした絵を描いてくれるAI

POINT
- ▶ 欲しい絵を言葉で説明すると、内容に応じた画像を合成するAI
- ▶ 処理手法は同じでも、学習データと調整方法の差から画像に違いが出る
- ▶ 具体性が高い内容は似た絵になり、抽象度が高いとバラバラに

解説 いずれも代表的な画像生成AIアプリです。欲しい絵のイメージを文字で説明すると、その内容にあった絵を生成します。いずれの画像生成AIアプリも拡散モデルを使っていますが、使用した学習データと画像生成時の調整処理の差から、出来上がる画像に違いが出ます（▶1）。通常、個人利用ならある程度の機能は無料で、また有料でフル機能や商用利用ができます。

[TOPIC 1]
違いの度合い
同じ拡散モデルで生成する画像でも、結果は指示の具体性に大きく影響を受けます。「羽が生えた車」のように具体性が高い内容なら人も想像できる様に似通った画像ができますが、「今日の気分」という抽象的な内容では、全く異なる画像になります。

[TOPIC 2]
バージョンアップ
どのアプリも、学習データセットの拡張やモデルの処理をアップデートしており、同じアプリでもバージョンが違うと出来上がる画像に違いが生じます。通常、新たなバージョンは学習データが増えているため、生成できる画像の種類も増えています。

関連用語 ▶▶ 人工知能（AI）→ p.194、生成AI（ジェネレーティブAI）→ p.203、Diffusion model（拡散モデル）→ p.212

191

Video Generation AI

リクエストしたビデオを創作してくれる AI
Sora（ソラ）（動画生成 AI）

[POINT]
- ▶ 入力（プロンプト）に応じた動画を生成する AI
- ▶ 空間動作や複雑なストーリーなど、内容によっては不得意分野がある
- ▶ 虚偽内容のビデオを作成できるリスクとその対策が課題

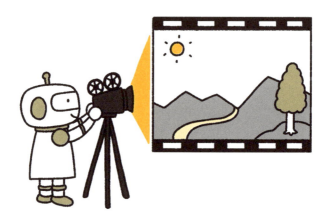

解説

文章を入力しその内容に応じたビデオを生成する、Open AIが提供するマルチモーダルAIです。「車が東京駅に向かって走る」というラフな指定でも、「車の背後から軽トラが昔の商店街風の景色の中を通って東京駅に向かって走る」と細かい指定でも、入力に応じたビデオを生成し、実写調、アニメ調などの指定も可能です。ただしビデオの時間は制限されています。

[TOPIC 1]
不得意分野

「雨が降ったら傘を開く」のような原因と結果がある内容、「右から左へ動く」のような空間的な動作の指定、撮影するカメラの視点の指定、時間に従い話が展開するストーリーのある複雑なプロンプトへの対応に課題があり、改良が進められています。

[TOPIC 2]
虚偽ビデオのリスク

故意か偶然かに関わらず、虚偽ビデオの検出と配布防止が必要です。生成ビデオへの「コンテンツ来歴および信頼性のための標準化団体（C2PA）」情報の埋め込みや、入力（プロンプト）をチェックし、不適切な内容は生成しない等の対策が検討されています。

関連用語 ▶▶ 人工知能（AI）→ p.194、生成 AI（ジェネレーティブ AI）→ p.203、OpenAI → p.303

192 セマンティック検索

Semantic Search

キーワードの並びから探したいことを推測する

POINT
- 検索入力を意訳して、より一致する結果を見つける検索方法
- 言葉同士のつながりを持つ知識グラフを、解析に利用する
- AIの自然言語処理（NLP）は知識グラフとの相性が良い

解説　入力された検索文について、その意図を推測して検索することです。文章を構造化できる知識グラフ（▶1）を用い、サイト検索や特許検索などで利用されています。例えば「東京で一番のすし屋」を検索したいとき、これと同じ文章や「東京、すし屋」での検索より、「東京で行くべき有名すし店」や「東京の高評価すし10店」の意訳の方が、より期待した結果が得られます。

[TOPIC 1]
知識グラフの考え方
まず、解析対象とする語句を学習します。次に、各語句間の関連を作ります。例えば「会社」であれば「社名」「住所」との連結や、食品会社なら「会社」と「食品」を「作る」という述語で連結する等です。これらの関連を情報化したものが、知識グラフです。

[TOPIC 2]
AI との親和性
知識グラフは人間が知識の関連性を規則化する手法で、元々文章を解析する自然言語処理（NLP）とは親和性があります。
知識グラフとAIの機械学習により大量のデータを学習したNLPの両者を活用することで、より的確な検索が可能になると考えられます。

関連用語 ▶▶ 人工知能（AI）→ p.194、自然言語処理（NLP）→ p.200

193 大規模言語モデルを使った2大AIアプリ
Chat GPT、Microsoft Copilot

Chat GPT/Microsoft Copilot

POINT
- ▶ 大規模言語モデル（LLM）を利用した文字ベースの生成AIアプリ
- ▶ Open AIが作ったGPTそのものを利用するのがChat GPT
- ▶ CopilotはGPTのLLMをファインチューニングしたもの

解説 どちらも大規模言語モデル（LLM）を利用した生成AIアプリです。自然言語処理（NLP）により、文章の生成、質問への回答、事象の説明などを行います。Chat GPTは、Webサイトやチャットボット等との連携を特徴（▶1）とします。Copilotは、ワード・エクセル・パワーポイント等のマイクロソフトオフィス製品との統合を重視し、Office365の一部として提供されています。

[TOPIC 1]
Chat GPTの特徴
Open AIが提供する文字ベースの生成AIアプリです。2022年にGPT-3.5と呼ぶLLMをベースにリリースされ、現在はGPT-4にアップデートされています。各種書籍や記事、クローラーによりWebサイトからスクレイピングしたデータを学習データに用いています。

[TOPIC 2]
Copilot
マイクロソフト社がOpenAIのパートナーとして、そのGPTを利用する生成AIです。オフィス製品との協調を強化するファインチューニングを独自に行い、ワード用のテキスト作成、エクセルのデータ解析、パワーポイントのスライドの生成などが可能です。

関連用語 ▶▶ 人工知能（AI）→ p.194、生成AI（ジェネレーティブAI）→ p.203、LLM（大規模言語モデル）→ p.201、自然言語処理（NLP）→ p.200、Microsoft → p.301、OpenAI → p.303

Amazon Bedrock

194

アマゾンの都度払い AI 貸し出しサービス
Amazon Bedrock（アマゾン ベッドロック）

POINT
- ▶ アマゾンが AWS 上で提供する学習済みの汎用 AI
- ▶ ユーザーは、ファインチューニングで自分用に調整して使用する
- ▶ 都度払い式のため利用しやすいが、制約もあり

解説 アマゾン・ベッドロックはAWSユーザーに対し、ファウンデーション・モデル（▶1）と呼ぶ学習済みAIへの容易なアクセスを提供し、ユーザーはこれをファインチューニングして利用します。ユーザーのメリットは、AWSにAIの複雑なセットアップや保守を任せられ、利用した分だけ費用を支払えば良い点です。他のAWSサービスと一体的に利用できることも利点です。

[TOPIC 1]
ファウンデーション・モデル

基盤モデルとも呼ばれ、大量のデータで既にトレーニングが終了した汎用 AI です。次のステップでユーザーが自分の利用目的に合う様にファインチューニングします。個別にモデルを作るのに比べ、コストと時間を大幅に節約できます。

[TOPIC 2]
デメリット

AWS が管理する AI をベースとして利用するため、利用できる機能や可能な設定などに制約があります。利用量に応じた支払いは、大口ユーザーでは高コスト化の懸念があります。また、将来的にアマゾンから他サービスへの切り替えが難しくなります。

第7章 AI

関連用語 ▶▶ 人工知能（AI）→ p.194、生成 AI（ジェネレーティブ AI）→ p.203、機械学習 → p.195、ファインチューニング、転移学習 → p.207、AWS → p.143、Amazon → p.297

column 3 職場で役立つ！IT業界用語

　システム設計の場面などで、いわゆるIT業界用語を使うことがあります。次の例は、ある社内打ち合わせの一場面です。
　B課長：Aさん、今日の<u>アジェンダ</u>は？
　Aさん：はい、Z社向けシステム開発工数についての認識合わせです。私の試算ではZ社に<u>コミット</u>した仕様を納期までに実装するには<u>10人月（にんげつ）</u>が必要です。
　B課長：10人月の<u>エビデンス</u>は？
　Aさん：同じ機能の、Y社向け開発の<u>アサイン</u>ベースです。
　B課長：それでは、10人月で<u>フィックス</u>しよう。
　ここでは下線を引いた、アジェンダ、コミット、人月、エビデンス、アサイン、フィックスの意味を見てみましょう。

アジェンダ　議題のことです。
コミット　約束のことです。自分の時間や労力を投じて、積極的に約束を果たすというニュアンスがあります。
人月　作業量のことで、人×月数の意味です。10人月なら、10人で1カ月または5人で2カ月かかる仕事です。
エビデンス　証拠のことです。B課長は、Aさんが何を根拠に10人月が必要といったのかを質問しています。
アサイン　割当や割り振ることです。Aさんは、Y社向け開発に割り当てた作業量ベースで見積もったといっています。
フィックス　何かを固定することで、決める・決めたという意味で使われます。

　以上、オーバーな部分もありますが、あながち外れでもない感じです。

第 8 章
インターネット

インターネットの技術がわかる
IT用語

195 セッション

通信の始めから終わりまでのひとまとまり

POINT
- ▶ 通信には始まりと終わりがあり、それを管理する単位のこと
- ▶ いろいろな通信手順（プロトコル）ごとにセッションがある
- ▶ ユーザーのWebサイト訪問から退去までもセッションと呼ぶ

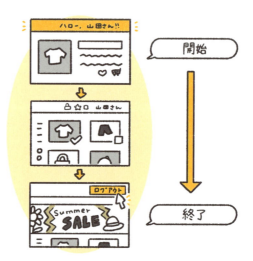

解説 通信の始まりから終わりまでを管理する単位のことです。例えば、ブラウザで検索するためキー入力して検索結果が表示されるまでに、PPPoEセッション、SSL/TLSセッション、HTTPセッション（▶1）など、複数のセッションが発生し、それぞれの単位で通信を管理します。SEO用語ではユーザーのWebサイトへの訪問から退去までを意味し、閲覧回数として使われています。

[TOPIC 1]
ブラウザでのHTTPセッション管理
cookieを使い、ユーザーのWebサイトでのアクセス状況を管理することをHTTPセッション管理と呼びます。ユーザーのログイン状態や、買い物かごの商品の有無などの情報を保存し管理することで、スムーズにWebの閲覧ができるようになります。

[TOPIC 2]
コネクション
セッションと似た用語に、コネクションがあります。コネクションは通信する2つの点のつながりのことなので、セッションとは意味合いが異なりますが、通信開始時にコネクションを作り終了時に切ることにダブらせた誤用も見受けられます。

関連用語 ▶▶ SSL/TLS→p.260、WWWとHTTPとHTTPS→p.246、SEO→p.182、cookie（HTTP cookie）→p.248

196

Best Effort

運が良ければたくさん使える
ベストエフォート

POINT
- ▶ 空いている分だけ使える通信方式
- ▶ 運が良ければ独り占めでき、悪ければまったく利用できないことも
- ▶ どれだけ使えるかの保証がない代わりに、低コストで利用できる

解説 最善の努力の意味で、「できるだけ多くのデータを通す」ことです。特にインターネット契約で目にします。例えば光インターネット1ギガのベストエフォートサービスとは、最良の条件では1ギガ出るが、それ以外では1ギガ未満やゼロもあり得る、という意味です。一見野放しですが、ベストエフォートとすることには、大きな意味とメリット（▶1）があります。

[TOPIC 1]
ベストエフォートの意味とメリット
ユーザーがどれだけデータを通せるかを保証しない代わりに、設備投資を抑えて通信料を安くできるのが最大のメリットです。多くのユーザーが一斉に利用できる大容量の通信システムの用意が必要なく、結果的にサービス料金が劇的に下がりました。

[TOPIC 2]
ギャランティード（帯域保証）サービス
ベストエフォートの反対です。インターネットでも帯域を保証して欲しいという要望に応えるサービスです。ギャランティードサービスでは、確実に帯域が保証される代わりに、設備投資が増えるのでサービス料金も上がります。

関連用語 ▶▶ なし

197 用途限定のコンピューター
アプライアンス

Appliance

POINT
- 決まった目的のために必要な機能を組み込んだコンピューター
- 通信データの高速処理が必要な分野で多く見られる
- Webサーバーやメールサーバー機能を組み込み販売したのが始まり

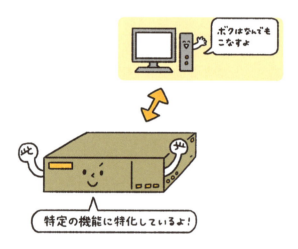

解説

アプライアンスは、目的特化型コンピューターのことです。通常のコンピューターは「汎用コンピューター」に分類され、多くのアプリから使いたいものを選んで導入することで多くの用途に利用できます。これに対し、ファイアウォールなど、必要なハードとソフトをあらかじめ組み込み、特定の機能に特化した専用機を「アプライアンス」に分類します。

[TOPIC 1]
ネットワーク系装置が主流

ファイアウォールなどのネットワーク系装置は、高速で送受信される通信データの処理を行うため、汎用コンピューターでの実現が難しい分野です。十分な性能を得るのに専用ハードや専用ソフトが必要となるので、最初から組み込むほうが効率的です。

[TOPIC 2]
アプライアンスの始まり

普通のサーバーにWebや電子メールなどのソフトをプリインストールしたものが、アプライアンスの始まりです。使用目的が最初から決まっているなら、その機能に特化した製品のほうがユーザーにとって効率的という考えから生まれました。

関連用語 ▶▶ ファイアウォール→p.258

198 ホームルーターと Wi-Fi ルーター

Home Router / Wi-Fi Router

家とインターネットをつなぐ箱

POINT
- ▶ 家庭のパソコンやスマホをインターネットにつなげるための装置
- ▶ ホームルーターはWiMAXなどのモバイルデータ通信でネットにつなげる
- ▶ Wi-Fiルーターや無線LANルーターは光通信などでネットにつなげる

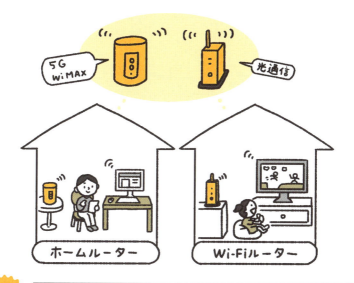

解説 　家庭のパソコンやスマホなどの端末を、インターネットにつなげる小型の装置です。ホームルーターはWiMAXやLTE、5Gなどのモバイルデータ通信でインターネットにつなげ、Wi-Fiルーターや無線LANルーターは通信事業者の端末を通して光通信などでインターネットにつなげます。ホームルーターは接続用の配線が不要で、置くだけで利用できる手軽さがあります。

[TOPIC 1]
インターネット接続
Wi-Fiルーターの本体にはWANまたはINTERNETと書かれたポート（端子）が必ず1つ付いています。この端子と、各家庭に入ってきている通信事業者が提供する通信端末をつなぐことで、インターネット回線に接続します。

[TOPIC 2]
モバイルルーターの家庭版
ホームルーターは元々家庭用ルーターの総称でしたが、現在はモバイルデータ通信を使う装置の名前として広まっています。WiMAXやLTEなどを使ってインターネット接続ができる、持ち運び可能な小型のルーターを、家庭用にしたものです。

関連用語 ▶▶ 無線LANとWi-Fi→p.226、ハブとスイッチとルーター→p.224

199

Hub / Switch / Router

データを送るための接続ボックス
ハブとスイッチとルーター

POINT
- ▶ いずれもネットワークとパソコンなどをつなぐ装置
- ▶ ハブとスイッチは狭い範囲のデータ送受信で使う
- ▶ ルーターはインターネットなど広い範囲のデータ送受信で使う

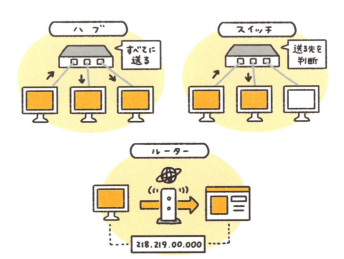

解説 いずれも、ネットワークで使われているイーサネット通信で使用する接続装置の名前です。イーサネットは、郵便と同じ階層化（▶1）を取り入れています。階層化の仕組みの中で、ハブは物理的に装置間をつなぐ一番下の階層、スイッチは個々の装置が持つMACアドレス間をつなぐその上の階層、ルーターはIPアドレス間をつなぐもう1つ上の階層と分かれています。

[TOPIC 1]
階層化と郵便
郵便は、大まかに市区町村エリア、県エリア、全国エリアの階層です。例えば同一市内の場合は市区町村エリア内で配達が完了しますが、エリア外の他市への郵便の場合は一度1つ上の階層（県エリア）に渡して、そこから他市へ転送するイメージです。

[TOPIC 2]
使われなくなったハブ
ハブは、つながっているすべての端末（パソコン）に同じデータを流します。仕組みが簡単で非常に安価に作れますが、データを拡散するセキュリティ上の問題があります。通信先を限定できるスイッチが十分安価になり、ハブは使われなくなりました。

関連用語 ▶▶ ホームルーターと Wi-Fi ルーター➡p.223、
IP アドレスとポート番号と MAC アドレス➡p.239

Default Gateway

200

宛先不明のデータを届ける装置
デフォルトゲートウェイ

POINT
- ▶ インターネットに通信したいときに最初にデータを送る場所
- ▶ 家庭のネットワークでは Wi-Fi ルーターがそれに当たる
- ▶ デフォルトは初期設定、ゲートウェイは出入り口という意味

解説 宛先のアドレスがわからないデータを、送信元の装置に代わって転送する機能です。Wi-Fiルーターが身近な例で、家庭内のスマホから送るメールやチャットは、Wi-Fiルーターの中にあるデフォルトゲートウェイに送られ、そこからインターネットにデータが転送されます。どの端末もこのゲートウェイのアドレスをあらかじめ知っているので、デフォルトと呼びます。

[TOPIC 1]
デフォルトの意味
デフォルトは、初期設定という意味です。具体的には Wi-Fi ルーターの IP アドレスの値です。パソコンやスマホのインターネット接続の設定にはデフォルトゲートウェイの項目があり、そこに Wi-Fi ルーターの IP アドレスの値が入ります。

[TOPIC 2]
広義のゲートウェイ
広義のゲートウェイはネットワークの境界に置かれ、異なるプロトコル（通信手順や決まり）の間の変換を行う機能を意味します。日本語ネットワークと英語ネットワークの境界にいて、データが通るたびに相手側の言語に翻訳するようなイメージです。

関連用語 ▶▶ ホームルーターと Wi-Fi ルーター→p.223、
IP アドレスとポート番号と MAC アドレス→p.239

第8章 インターネット

225

Wireless Local Area Network / Wi-Fi

201 空中でつながる LAN とその技術
無線 LAN と Wi-Fi

POINT
- ▶ 無線 LAN はケーブルを使わないコンピューター間通信のこと
- ▶ Wi-Fi の認証ロゴは他メーカーの無線 LAN 製品との接続を保証する印
- ▶ コンピューターを使う場所の制約は少ないがセキュリティに注意

解説 　無線LANは、無線によるコンピューター間通信の総称です。Wi-Fiとは、本来は無線LAN規格に適合していることの認証ですが、無線LANと同じ意味で使われています。ケーブルの要らない無線LANが普及したことで、自分の使いたい場所にコンピューターを持ち運んでネットワークに接続して使うことが当たり前になり、場所の制約が急速になくなりました。

[TOPIC 1]
無線 LAN の方式
登場した頃の無線 LAN 製品には他メーカーとの相互接続に問題があり、その問題を解消するための団体として Wi-Fi アライアンスが発足しました。Wi-Fi アライアンスでは、これまでに 802.11a/b/g/n/ac/ax など、多くの仕様を認証しています。

[TOPIC 2]
無線 LAN の課題
無線の空中を伝わる性質から、壁やドアなどの障害物で通信が切れたり、通信速度が極端に低下したりといった問題が起こります。また、誰でも受信できるため、暗号化などの対策をしっかりしないと、通信内容を盗聴されるリスクがあります。

関連用語 ▶▶ WEP、WPA　WPA2、WPA3→p.227、WPS と Easy Connect→p.228

226

202

Wired Equivalent Privacy / Wi-Fi Protected Access / WPA II / WPA III

Wi-Fiを盗聴から守る暗号化の方法
WEP、WPA、WPA2、WPA3

ウェップ　ダブリューピーエー　ダブリューピーエーツー　ダブリューピーエースリー

POINT
- ▶ いずれもWi-Fiの情報を暗号化する方式の名前
- ▶ WEPは最初に登場した技術だが、脆弱性問題で退場
- ▶ WPAはWEPの後継として世代交代しながらセキュリティを向上

解説　いずれもWi-Fiの通信を暗号化して保護するセキュリティ技術の名前です。最初にWEPが登場しましたが、多くの脆弱性が指摘されました。以降、脆弱性に対応して、WPA、WPA2、WPA3と新しい技術が登場し、暗号化の方式も徐々に強固になってきています。最新のWPA3の暗号化が最も強いとされていますが、過信せずにセキュリティに気を配る必要があります。

[TOPIC 1]
オープンWi-Fiのリスク
Wi-Fiの電波で送られるデータは、技術的な知識があれば盗聴も可能です。最も盗聴が容易なのが、パスワード不要で使える暗号化されていないオープンWi-Fiです。駅や店が提供するフリーWi-Fiも、パスワードが簡単に入手できるため盗聴のリスクがあります。

[TOPIC 2]
WPAの認証
自宅で使うWi-Fiは、Wi-Fiのアクセスポイントが WPAの認証を行います。WPAにはユーザー認証に認証サーバーを使う機能がありますが、個人が使うにはハードルが高い内容なので企業向けのエンタープライズモードとして提供されています。

関連用語 ▶▶ 無線LANとWi-Fi→p.226

Wi-Fi Protected Setup / Easy Connect

203

簡単に端末をWi-Fiにつなぐ方法
WPS と Easy Connect
ダブリュpiーエス　　　イージー　コネクト

POINT
- いずれも Wi-Fi と端末を簡単につなぐための方式
- WPS はボタン一押しで接続できる日本発の技術で、広く普及
- 専用アプリを使う Easy Connect は QR コードを読み取って接続

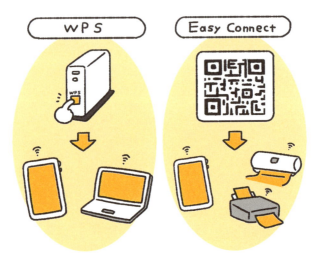

解説 Wi-Fiに簡単に接続するための仕組みです。WPSを使うとWi-Fiルーターのボタンを押すだけ（▶1）で、パソコンやスマホを接続できます。当初は日本のメーカーが自社製品用に提供し、広く普及したため後から標準化されました。2018年には、スマホやIoT機器に対応する目的で、QRコードを使って接続する、より簡単なEasy Connect（▶2）が発表されました。

[TOPIC 1]
WPS の設定方法
WPS の設定は、Wi-Fi ルーターにある WPS ボタンを押すプッシュボタン方式が主流です。接続する端末に WPS 機能の有効/無効設定があるとき、専用アプリなどでまず有効にします。それ以外にも、8桁の PIN コードを入力するピンコード方式があります。

[TOPIC 2]
Easy Connect
専用のアプリを使い、スマホやタブレットから Wi-Fi 機器に貼られた QR コードを読み取ってアプリに登録することで、Wi-Fi 通信ができるようになります。通信機器同士のやり取りが必要な WPS と異なり、アプリが一括管理します。

関連用語 ▶▶ ホームルーターと Wi-Fi ルーター→p.223

204

Service Set IDentifier

Wi-Fi ネットワークの名前
SSID
(エスエスアイディー)

POINT
- ▶ アクセスポイントに設定する Wi-Fi のネットワークの名前のこと
- ▶ パソコンやスマホで、自分のつなぎたい SSID を選んで接続する
- ▶ 一度 SSID を覚えれば、その SSID に自動的につなぐことができる

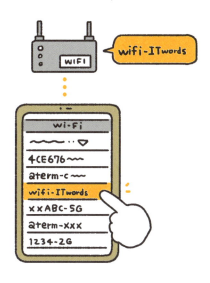

解説 Wi-Fiの無線ネットワークを識別する名前で、Wi-Fiルーターなどのアクセスポイントに32文字までの英数字と記号を使って設定します。パソコンやスマホの設定で「接続」や「Wi-Fi」などを開くと、接続先の候補として自分の周りにあるWi-FiネットワークのSSID（アクセスポイント）が一覧表示されます。その中から、自分が利用したいSSIDを指定して接続します。

[TOPIC 1]
SSID による接続方法
Wi-Fi のアクセスポイントは、SSID を周期的に送信しています。端末側で「一度接続した SSID を記憶する」ように設定しておけば、過去に接続した SSID 受信時に自動的に接続します。該当する SSID が無ければリストを表示し、接続待ちになります。

[TOPIC 2]
SSID の変更
Wi-Fi ルーターを買ってくると、最初はメーカーが機械的に割り振った SSID が設定されています。この SSID のままでも使えますが、ルーターの管理ソフトを使って自分のわかりやすい名前に変更しておくと、再接続時などに簡単に見つけられます。

関連用語 ▶▶ 無線 LAN と Wi-Fi→p.226、ホームルーターと Wi-Fi ルーター→p.223

第8章 インターネット

229

Internet / Intranet

205

オープンなネットワークとクローズドなネットワーク
インターネットとイントラネット

POINT
- ▶ インターネットは世界中に広がるオープンなネットワーク
- ▶ イントラネットは組織などに閉じたネットワーク
- ▶ セキュリティに強いのがイントラネットのメリット

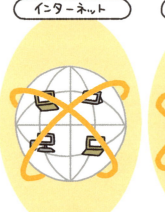

解説 インターネットは不特定の外部とつながるオープンなネットワーク、イントラネットは会社や組織に閉じたクローズドなネットワークです（▶1）。両者は、通信範囲が異なるだけで、使用する通信技術や通信機器は同じです。イントラネットの構成法には、物理的にケーブルを切り離す方法と、通信機器の設定で外部との通信を論理的に切り離す方法があります。

[TOPIC 1]
インターとイントラの語源
インター（Inter）は2つの間という意味の接頭辞で、インターネットは、独立したネットワーク間を結ぶことを意味します。国際を意味するインターナショナル（Inter-national）と同じ使い方です。これに対し、イントラ（Intra）は内側のという意味の接頭辞です。

[TOPIC 2]
イントラネットのメリット
イントラネットはインターネットと直接通信できないので、情報漏えいリスクが低くなります。そのため、取引先の情報や給与計算などの内部的なデータや、社員間のコミュニケーションなど、セキュリティ対策が必要な情報を安全に扱えます。

関連用語 ▶▶ セキュリティ ➡p.274

206

Local Area Network / Wide Area Network

手近なコンピューター間通信と広域のコンピューター間通信
LAN と WAN
（ラン）（ワン）

POINT
- ▶ LAN も WAN もコンピューターネットワークのこと
- ▶ LAN は限定した範囲のコンピューターをつなぐネットワーク
- ▶ WAN は離れた LAN 同士をつなぐネットワーク

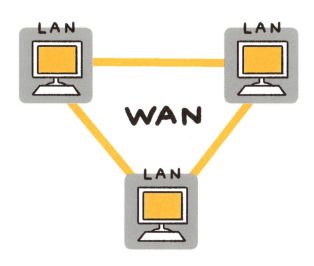

解説 物理的な通信範囲をイメージした用語です。LANは物理的に限定された建物内や部門内などの狭いネットワークを、WANはインターネットなど敷地の外部にある広範囲（ワイド）なネットワークを意味します。通常、Wi-Fiやイーサネット（▶1）を使った一定規模のネットワークをLAN、大規模な組織や通信事業者などが運営するLAN間を結ぶネットワークをWANと呼びます。

[TOPIC 1]

イーサネット

イーサネットは、LAN ケーブルの規格とTCP/IP の仕様がセットになった通信技術の名前です。技術に適した装置であれば、「ケーブルにつなげば使える」のがイーサネットの最大の特徴です。なお、イーサネット技術の多くが WAN でも使われています。

[TOPIC 2]

その他のエリアネットワーク

LAN と WAN 以外にも、CAN と MAN があります。C はキャンパス（Campus）、M はメトロポリタン（Metropolitan）の頭文字で、それぞれ学園内と都市圏の意味です。複数LANが存在するエリアを地理的に切り出し、1つのネットワークエリアとみなします。

関連用語 ▶▶ TCP と UDP→p.237、IP→p.238、無線 LAN と Wi-Fi→p.226

207

Content Delivery Network

地球の裏側の Web ページをご近所から配信します
CDN
シーディーエヌ

POINT
- ▶ Web サイトの情報のコピーをインターネットの各所に配置
- ▶ ユーザーは自分の近くのコピー情報にアクセスするので速度も速い
- ▶ CDN 事業者が CDN サーバーを用意して、自動的に配信する

解説 Webサイトの情報や動画などを効率的に配信する、インターネットの中に構築されたコンテンツ配信用のネットワークの名前です。大元のWebサーバーにあるコンテンツのコピーを、複数のCDNサーバー（キャッシュサーバー）に保存します。ユーザーは自分に一番近いCDNサーバーの情報にアクセスするので、素早くデータを読み出せ、大元のサーバーの負荷も低減します。

[TOPIC 1]
CDN のメリット
近くの CDN サーバーからコンテンツをダウンロードできるので、効率が良く、待ち時間の短縮や回線の混雑緩和が期待できます。インターネット全体にとっても、ネットワークをまたぐ通信を減らし、より多くのユーザーのデータ通信が可能になります。

[TOPIC 2]
CDN はサービス
CDN は、CDN 事業者が提供するサービスです。コンテンツ提供者は CDN 事業者と契約をして、CDN 内にコンテンツのコピー（キャッシュ）を置くと同時に、ユーザーがコンテンツ提供者のサーバーにアクセスすると CDN サーバーへ転送するよう設定を行います。

関連用語 ▶▶ ストリーミング→p.156

208

Traffic

ネットワークを通るデータのことです
トラフィック

POINT
- ▶ ネットワークを流れるデータのこと
- ▶ 流れるデータが多いほどトラフィックも多いと考える
- ▶ データの速度を表すにはスループットを使う

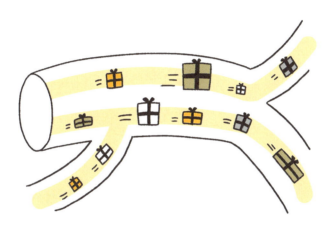

解説 ネットワークの中を流れるデータのことです。道路を走る車や人の流れが本来のトラフィックですが、それと同じイメージです。流量や密度の意味合いがあり、ネットワークを流れるデータの量を見て「トラフィック量が多い/少ない」などと使います。なお、個々のコンピューターの通信や個別のデータの転送速度を指す場合には、スループット（▶1）が使われます。

[TOPIC 1]
スループット
データの量を表すトラフィックに対して、スループットは単位時間当たりに通過するデータの転送量を表します。インターネット上には各種のスループット測定サイトがあり、データをダウンロードする時間を測定し、結果をパソコン上で確認できます。

[TOPIC 2]
SEO用語としてのトラフィック
トラフィックはSEO用語としても使われていて、サイトへの訪問数や閲覧数などのアクセス数を意味します。一般にはトラフィックが多いほどサイトが高評価とみなされ、トラフィックを増やす対策をトラフィックSEOと呼びます。

関連用語 ▶▶ SEO→p.182

209　Network Function Virtualization

クラウドから通信装置を制御するネットワークの実現方法
NFV（ネットワーク仮想化）
エヌエフブイ　　　　　かそうか

POINT
- ▶ 通信装置の機能を部品に分割し、ソフトウェアで実現すること
- ▶ ソフトウェア化した機能はサーバーやクラウドに実装する
- ▶ 仮想化により、新たな通信サービスの導入や改善が容易になる

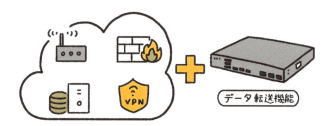

解説　専用装置として作られてきた通信機器の中身を、データ転送機能や管理機能など複数の部品に分割し、その部品の組み合わせにより通信機器を定義することです。データ転送機能以外はソフトウェア化し、サーバーやクラウドでの利用を想定しています。メーカーや製品の違いで困難だった通信サービスの追加や変更が、ソフト部品の変更だけで済むようになります。

[TOPIC 1]
NFVの標準化
世界各国の通信事業者が主導し、欧州電気通信標準化機構（ETSI）がネットワーク仮想化の国際標準を策定しています。現在のネットワークに求められている機能を分析し、ソフトウェア化する機能や機能間の関係などを定めています。

[TOPIC 2]
NFV製品
ソフトウェア製品としては、仮想化を実現するための仕組みを構成・管理するアプリやOSに相当する製品が提供されています。またNFV用の通信機器ベンダーは、自社製品に最適化した、仮想化システム全般のソフトウェアを提供しています。

関連用語　▶▶ サーバーの仮想化→p.139

210

Virtual LAN

同じチームメンバー専用の見えないLAN
VLAN（ブイラン）

POINT
- ▶ 物理的な接続とは別の、仮想的なネットワーク（LAN）のこと
- ▶ 同じVLANの中の端末間だけが通信でき、セキュリティが強い
- ▶ VLANの組み替えは設定の変更だけででき、配線の変更は不要

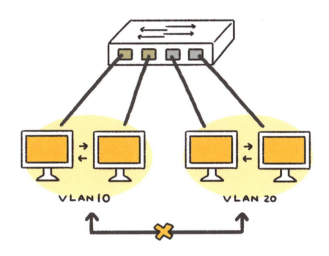

解説 物理的な接続とは別に、選択した端末だけで作る仮想的なネットワーク（LAN）のことです。同じVLANが割り当てられた端末間だけが通信できる特徴から、企業内で部門や関連ある部署間だけのVLANを作ることで、セキュリティの向上やネットワーク全体の負荷低減などを実現できます。またVLANの組み替えは、配線を変えなくても設定変更だけで行えます。

[TOPIC 1]
VLANの方式
いろいろな方式が実用化されています。最もシンプルなのがポートベースVLANと呼ぶ方式で、スイッチのポートごとにVLANの識別番号（VLAN ID）を割り振る方法です。通信データ内のVLAN IDを参照し、該当するポートにデータを転送します。

[TOPIC 2]
VXLAN
VLANの機能拡張版です。VLANが1つのLANの中にある仮想的なLANであるのに対し、VXLANは複数のLANをまたいだ仮想LANを作ることができます。VXLANは、離れた場所にあるデータセンター間を結ぶLANを構築するような目的で使われます。

関連用語 ▶▶ LANとWAN→p.231

211

Protocol

通信するための約束事
プロトコル

POINT
- ▶ 情報の送受信のために必要なデータ形式や通信手順を規定したもの
- ▶ プロトコルは国際標準として規定されている
- ▶ IPやTCP、UDPをはじめ膨大な数のプロトコルが存在している

解説 データや音声などの情報を、円滑に送受信するために、通信機器同士がやり取りする手順の総称です。プロトコルが規定する内容には、送信者と受信者についての情報、データ形式（どこにどのようなデータを書くか）、送信・受信の手順などが含まれています。郵便で例えると、宛先と発信者の住所、封書の書き方、郵送の手段などの決まりの一式が、プロトコルに相当します。

[TOPIC 1]
国際標準
プロトコルは、相手も同じ規則を使うことが保証されたうえで、はじめて利用できます。また、通信は世界規模で行われており、世界中で合意されていなければ意味がありません。そのため、ほぼすべてのプロトコルが国際標準として規定されています。

[TOPIC 2]
プロトコルの階層化
膨大な数のプロトコルはその役割に応じて、物理層、ネットワーク層などの階層（レイヤー）に分かれています。上位の階層は下位の階層にデータの送信を依頼し、下位の階層は上位の階層に受信データを渡すといった分業を行っています。

関連用語 ▶▶ TCPとUDP➡p.237、IP➡p.238、VoIP➡p.243、SMTPとPOPとIMAP➡p.244、IPv6➡p.242

212

Transmission Control Protocol / User Datagram Protocol

Webアプリのデータを送る2種類の方法
TCP と UDP

POINT
- ▶ TCPはWebやメールなど、データを確実に届けたい通信で使う
- ▶ UDPは音声通話や動画ストリーミングなど、リアルタイムな通信で使う
- ▶ 通信に確実性を求めるか、リアルタイム性を求めるかで使い分ける

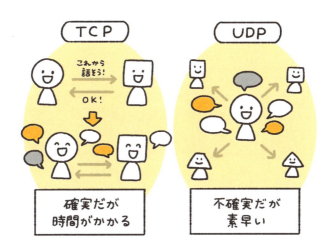

解説 どちらもプロトコルと呼ぶ、インターネットで使われている通信手順の名前です。TCPとUDPは、流派のような関係です。TCPは通信相手がデータを受け取ったことを確認しながら送る方法で、確実性がありますが、通信に時間がかかります。UDPは通信相手の受信を確認せずにデータを送る方法で、次々と送れますが、相手がデータを受け取った保証はありません。

[TOPIC 1]
TCPの例え話
会話をする際に、相手に「これから会話できますか？」とメッセージを送り、相手から「OK」の返事を受けた後で、会話を始めます。その後も、相手からの反応を受け取りながら会話を続けます。このようにして、相手と確実に会話をするのがTCPの通信です。

[TOPIC 2]
UDPの例え話
会話する相手の状況を考慮せず、一方的に話しかけます。目の前に視界をさえぎるスクリーンがあり、反対側に相手がいるかどうかわからない状況であっても、多分相手が聞いているだろうと見込んで、気にせず話しかけるのがUDPの通信です。

関連用語 ▶▶ IP→p.238、プロトコル→p.236

213

Internet Protocol

インターネットで通信するための決まり
IP（アイピー）

POINT
- ▶ インターネットで通信するためのデータ形式やアドレスを規定したもの
- ▶ IPのデータのことをパケットという
- ▶ IPアドレスはインターネットの住所に当たる

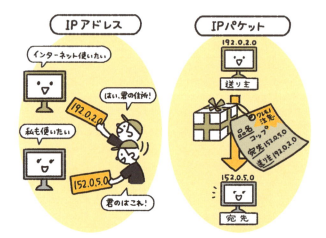

解説 インターネットで通信するデータであるパケットと、通信相手を特定するアドレスについての決まりです。郵便で封書を送る場合、住所の書き方や封筒の大きさなど、郵便物のフォーマットが規定されていますが、IPはインターネットでデータを送る場合の規定に相当します。またIPは、インターネット内の住所に当たるIPアドレス（▶2）の意味で使われることもあります。

[TOPIC 1]

IPだけでは送れない

TCP/IPという書き方を目にすることがあります。スマホやパソコンのアプリがインターネットでデータを送受信するには、IPだけではなく、TCPやUDPなど他の通信の手順を組み合わせる必要があります。そうした組み合わせを表したものがTCP/IPです。

[TOPIC 2]

IPアドレス

192.0.2.0のように表記される、インターネットに接続するコンピューターを識別するためのアドレスです。IPアドレスには、グローバルIPとローカルIPの2種類があり、グローバルIPは全世界で唯一の、ローカルIPは家庭や企業内で使えるアドレスです。

関連用語 ▶▶ TCPとUDP→p.237、VoIP→p.243、
IPアドレスとポート番号とMACアドレス→p.239、IPv6→p.242

214 Internet Protocol Address / Port Number / Media Access Control Address

データを送る相手を指定する方法
IPアドレスとポート番号とMACアドレス

POINT
- ▶ IPアドレスはインターネットでの通信に使われるアドレス
- ▶ ポート番号はコンピューターの中のどのアプリかを識別する番号
- ▶ MACアドレスは隣り合う装置との通信に使われるアドレス

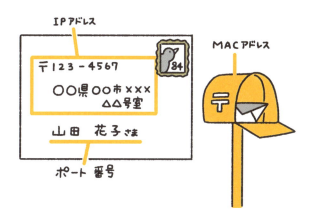

解説 IPアドレスは、データの届け先となるインターネットの中の住所表示です。ポート番号は、同じIPアドレス内で通信を行っているアプリ（Webブラウザやメーラーなど）を識別する番号です。MACアドレスは、ネットワークに接続するためのハードウェア固有の番号です。郵便に例えると、IPアドレスが家の住所、ポート番号はその家の受取人の名前、MACアドレスは郵便箱です。

[TOPIC 1]
IPアドレスの役割
IPアドレスは、通信でデータを送り届ける最終目的地です。手紙の住所と同じです。IPアドレスを元にデータを転送するのがルーターです。ルーターは、つながっているどのケーブルに送れば目的のIPアドレスに到着できるかを判断し、データを転送します。

[TOPIC 2]
MACアドレスの役割
パソコンやルーターなど、インターネットにつながるすべてのハードウェアは固有のMACアドレスを持ち、隣り合うMACアドレス間で通信します。IPアドレス間の通信が行われる下では、何台もの装置がMACアドレス間の通信を行ってデータを中継しています。

関連用語 ▶▶ TCPとUDP→p.237、IP→p.238、IPv6→p.242

215

Domain Name / Domain Name System

Webサイトの名前と、名前から住所を特定する住民台帳
ドメイン名とDNS

POINT
- ドメイン名は example.com や example.co.jp のような文字列のこと
- DNS は IP アドレスとドメイン名の対応を管理するシステム
- DNS のおかげでドメイン名を使ってインターネットを利用できる

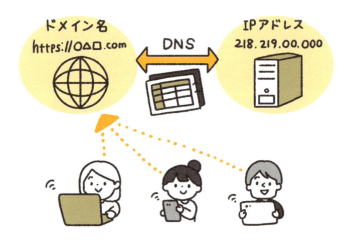

解説 ドメイン名は、example.comやexample.co.jpなどの、ホームページのアドレスや、電子メールアドレスで@以降に書かれた文字列です。人間が見て識別できるIPアドレスとも呼ばれます。DNSは、このドメイン名に対応するIPアドレスを管理するシステムです。DNSが、ドメイン名とIPアドレスを結びつける台帳となり、ユーザーはドメイン名でインターネットを利用できます。

[TOPIC 1]
ドメイン名の取得
ドメイン名は、インターネットの中で重複できません。そのため、ドメイン名の登録・管理を行う事業者に申請して取得します。誰かと重複しなければ、基本的に好きなドメイン名を取得できます。ただし、co.jp は企業だけ使えるといった制約はあります。

[TOPIC 2]
ドメイン名と IP アドレスの関係
ドメイン名に対応する IP アドレスは必要に応じて変えられるので、ある意味一時的な関係です。DNS に登録されているドメイン名と IP アドレスの対応情報が更新された場合も、ユーザーは IP アドレスの変更を気にせず、引き続き同じドメイン名を使えます。

関連用語 ▶▶ IP→p.238、IP アドレスとポート番号と MAC アドレス→p.239、URL→p.241

Uniform Resource Locator

216

Webページを識別するための名前
URL
ユー アール エル

POINT
- ▶ http:// や https:// で始まる、Webページのアドレス
- ▶ インターネット上のコンピューター内のファイルを表している
- ▶ URLの中にはドメイン名が含まれている

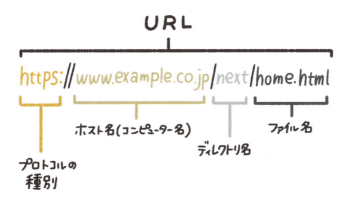

URL
https://www.example.co.jp/next/home.html
プロトコルの種別 / ホスト名(コンピューター名) / ディレクトリ名 / ファイル名

解説 http://で始まるWebページのアドレスです。URLの書式には決まりがあり、例えばhttp://www.example.co.jp/next/home.htmlであれば、始めのhttpが通信で使われるプロトコルの種別、www.example.co.jpがホスト名とドメイン名（コンピューター名）、nextがディレクトリ名、home.htmlがページ名という順に並びます。URLを見ると、どこにどういう情報があるのかがわかります。

[TOPIC 1]
URLでログインもできる
会員制サイトなど、登録したユーザーしかアクセスできないログインページの場合、ログインのためのユーザー名とパスワードや、ポート番号などの情報を、URLの中に一緒に記述して送信すると、その情報を使ってログインすることができます。

[TOPIC 2]
URLとドメイン名
URLの中の、"example.co.jp"がドメイン名です。会社の名前などがドメイン名として使われるように、ネット上で提供されるひとまとまりのサービスの名前です。URLは、そのサイトの中の特定のサービスの個々のページやファイルに当たります。

関連用語 ▶▶ ドメイン名とDNS→p.240、WWWとHTTPとHTTPS→p.246

217

Internet Protocol version 6

好きなだけIPアドレスを使えます
IPv6（アイピーブイシックス）

POINT
- 現在広く使われているIPv4の後継バージョン
- 約340澗（340兆×1兆×1兆）もの膨大なアドレスが使える
- IPv4との互換性はなく、両者を共存させながら、徐々に普及している

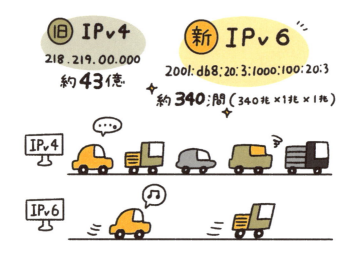

解説　IPの規格の第6版という意味です。現在広く使われているIPv4との最大の違いは、利用できるIPアドレス数です。IPv4のアドレス数は約43億ですが、これでは仮に世界60億人全員に配布すると足りなくなります。このアドレス枯渇の可能性から、IPv6が規定されました。IPv6は事実上無限大と言える約340澗（340兆×1兆×1兆）もの膨大なアドレス数があります。

[TOPIC 1]

IoT と IPv6

IPv4のアドレス枯渇の懸念は世界人口との比較からでしたが、現在の課題は将来の膨大な数のIoT端末の管理です。IoTのすべての端末をインターネットにつなげるには、それだけのアドレスを配布できるIPv6が必要と考えられています。

[TOPIC 2]

IPv4 と IPv6 の共存

IPv4とIPv6に互換性はありません。IPv4アドレスが既に広く世の中に利用されているためIPv6へ一気に切り替えるのが難しく、現状は移行段階にあります。そのため、IPv4とIPv6を相互変換するなどの、両方のアドレスを扱う技術を用いて共存しています。

関連用語　▶▶　IP→p.238、IPアドレスとポート番号とMACアドレス→p.239

218

Voice over Internet Protocol

インターネットで電話する方法
ボイスオーバーアイピー／ボイップ
VoIP

POINT
- ▶ VoIP はインターネット上で音声通話を実現する技術の総称
- ▶ IP 電話は VoIP を使ったインターネット電話
- ▶ インターネット上で音声を送受信するサービスに音声チャットもある

解説　インターネット上で、音声通話を実現する技術とその通信の決まりです。インターネット上で送るすべての情報はデジタル化されたデータとして、一定の大きさに区切られています。そのため、時間的に連続した音声を送るときも、デジタル化した音声データを一定の時間ごとに区切って送信します。このような音声データをインターネットで通信する技術が、VoIPです。

[TOPIC 1]
IP 電話

IP 電話は、VoIP を使ったインターネット電話です。電話は、①始めに相手の番号に電話をかけて呼び出す、②通話する、③通話が終われば電話を切る、という手順があります。IP 電話は、この電話としての手順をインターネットの通信で行っています。

[TOPIC 2]
音声チャット

インターネットを使った音声通話には、IP 電話の他に音声チャット（ボイスチャット）と呼ぶものがあります。音声チャットも VoIP を使いますが、IP 電話のように通話を設定したり切断したりする機能はなく、データ化した音声の送受信だけを行います。

関連用語 ▶▶ IP→p.238、プロトコル→p.236

Simple Mail Transfer Protocol / Post Office Protocol / Internet Message Access Protocol

219

電子メールを送る手順と受け取る手順
SMTP と POP と IMAP

POINT
- SMTP は電子メールを送信するためのプロトコル
- POP と IMAP は電子メールを受信するためのプロトコル
- SMTP と POP、または SMTP と IMAP を組み合わせて使用する

解説 いずれも、電子メールの送信と受信（▶1）を行う通信の決まりです。SMTPはメールの送信を、POPとIMAPはメールの受信を分担します。電子メールを使うには、これらのプロトコルに関してメーラー（電子メールアプリ）でサーバー名やポート番号、SSL/TLSのセキュリティなどの設定を行います。設定は手入力する以外に、メーラーの自動設定機能を使うこともできます。

[TOPIC 1]
電子メールの仕組み

電子メールは、まず送信者のドメイン（@xxx.com）にあるメールサーバーへ送られます。サーバーは受信者のドメイン（@yyy.com）に近いメールサーバーを探して転送します。メールが yyy.com のメールサーバーに到達するまで、これを繰り返します。

[TOPIC 2]
POP と IMAP の違い

2つの違いは、ユーザーが受信メールを読む方法です。POP は、サーバーから受信メールをダウンロードして手元で読みます。一方、IMAP は、受信メールを手元にダウンロードせずサーバーにあるメールを直接読みます。メールの保管場所が違うとも言えます。

関連用語 ▶▶ プロトコル ➡ p.236、To と Cc と Bcc ➡ p.245

220

To / Carbon copy / Blind carbon copy

読んで欲しい人、写しで送る人、こっそり知らせる人
To と Cc と Bcc

POINT
- ▶ To、Cc、Bcc は電子メールの受取人を指定する方法
- ▶ To と Cc に指定したメールアドレスは全員に見える
- ▶ Bcc に指定したメールアドレスは受け取った本人以外には見えない

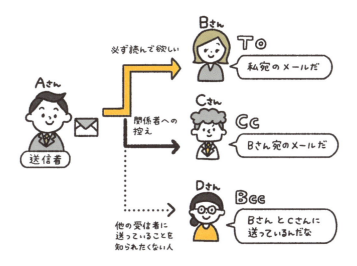

解説 いずれも電子メールの受取人を指定する方法です。Toには、そのメールを必ず読んで欲しい受取人を指定します。Ccには、関係者への控えとして送る相手を指定します。ToかCcで受け取った人は、ToとCcの全員のメールアドレスがわかるので、そのメールが誰に送られたか見ることができます。これに対して、Bccに入っているアドレスは受け取った本人しか見えません。

[TOPIC 1]
メールアドレス流出
よくあるメールアドレス流出は、互いに知る必要のない人々に向けた一斉配信を To や Cc で指定して送ることで起こります。メルマガなどで Bcc を使う例も見ますが、誤って To や Cc を指定する恐れがあり、メーリングリストや配信サービスの使用が適切です。

[TOPIC 2]
Bcc の注意点
Bcc でメールを受けたとき、To や Cc で受信した人はあなたも受信していることを知りません。送信者は、何か理由があってあなたに送信した事実を隠しているので、もし返信する場合は全員を対象にせず、誰に返信するのかよく確認する必要があります。

関連用語 ▶▶ SMTP と POP と IMAP→p.244

221

World Wide Web / HyperText Transfer Protocol / HTTP Secure

ネットの中の情報が互いにつながる仕組み
WWW と HTTP と HTTPS

POINT
- ▶ WWW はインターネットの情報を相互にリンクすること
- ▶ HTTP と HTTPS は Web ページをインターネットで送る決まり
- ▶ HTTP と HTTPS の違いは、セキュリティ（暗号化）の有無

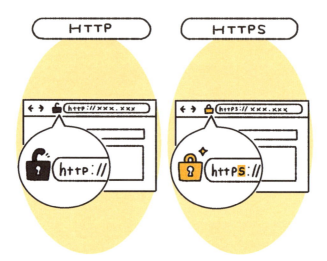

解説 WWWは、インターネット上に分散した点のように存在する情報を、相互にリンク（参照）させる概念です。網の目のような情報のつながりをクモの巣に例えて、Web（英語でクモの巣の意）と呼びます。HTTPとHTTPS（▶1）はどちらも、ハイパーテキスト（▶2）と呼ばれるHTMLで記述されたWebページの内容を、インターネットで転送するための通信の決まり（プロトコル）です。

[TOPIC 1]

HTTP と HTTPS の違い

HTTP と HTTPS は S の有無が、セキュリティの有無の違いを示しています。HTTP は通信内容を暗号化せずに送るため送っている情報が丸見えですが、HTTPS は SSL/TLS を使って通信内容を暗号化することで、安全性が高まります。

[TOPIC 2]

ハイパーテキスト

電子ファイル化した文書内のテキストに、同じテキストの他の章や、他の文書などを参照するリンク情報（URL）を埋め込んだ、参照機能を持つテキストのことです。学術文書が多数の論文を参照する機能を、Web上の仕組みで実現したのが始まりです。

関連用語 ▶▶ HTML と XML と CSS ➡p.247、URL ➡p.241、SSL/TLS ➡p.260

246

222

HyperText Markup Language
Extensible Markup Language /Cascading Style Sheets

Webページの見出しや表、文字の装飾などを記述する方法
HTMLとXMLとCSS

POINT
- ▶ HTMLとCSSはWebサイトのページの構造化や文字の装飾などに使う
- ▶ CSSはタグに対する表示方法を指定する
- ▶ XMLはデータの種類や意味を定義するのに使われる

解説 HTMLは、<h1>のような「タグ」を使い、Webページ内の見出しなどの文書の構造を指定します。HTMLを拡張したのがXMLで、タグを使いデータの種類などを指定します。CSSは、HTMLのタグに対してページ内の表示位置や装飾方法などを指定します。例えばページ内の見出しの文字範囲をHTMLのタグで指定し、CSSでその位置と書式を決めて表示します。

[TOPIC 1]

HTMLとXMLの違い

HTMLのタグは、Webページがブラウザで正しく画面に表示されるよう、タグごとにブラウザでの表示方法が決まっています。XMLはタグの意味を自由に定義できるので、例えば<name>で名前を、<age>で年齢を表すなど、データ管理に使われるのが違いです。

[TOPIC 2]

CSSとタグの違い

HTMLのタグで文字を装飾する場合、タグを記述した箇所だけに有効です。これに対して、CSSでは同じ文書内のすべての該当箇所（例えば、見出し）に同じ装飾を適用できます。またCSSでは同じ対象へ違う装飾を上書きできる点も、タグとは異なります。

関連用語 ▶▶ WWWとHTTPとHTTPS→p.246

223

cookie

Webサイトがユーザーの操作をブラウザに記録する仕組み
cookie（HTTP cookie）

POINT
- ▶ ユーザーがブラウザに入力したデータを、サーバー経由でブラウザに保存する
- ▶ 保存するデータは、Webサイトを使用しているユーザーの一時的な状態
- ▶ 例えばログイン状態を保存することで、一度のログインで済む

解説 cookieは、ユーザーがWebサイト閲覧中に入力した値などを、Webサイト側からユーザーのブラウザに一時的に保存する仕組みです。保存する情報は、ログイン情報、サイトの訪問履歴、オンラインショッピングのカートの中身などです。オンラインショッピングサイトで、カートに商品を入れた後でページを再読み込みしても商品が残るのはcookieのおかげです。

[TOPIC 1]
認証cookie
ユーザーのログイン状態を保存する認証cookieは、正常にログインできたという情報を保存するのに、広く使われています。ログイン後にブラウザでサイトを閉じてしまっても、認証cookieを利用して、再びログイン状態から始めることができます。

[TOPIC 2]
cookieの問題点
cookieに保存したユーザーの履歴から、かなりの個人情報を収集できます。そのため、cookieを保存しているパソコンやスマホの盗難により個人情報が流出し、情報を悪用したなりすましによる金銭被害などの可能性があります。

関連用語 ▶▶ WWWとHTTPとHTTPS→p.246

224

Open Graph Protocol

ブログのアピールポイントをSNSでシェアするツール

OGP（オージーピー）

POINT
- ▶ HTMLの中に記述するタグ情報
- ▶ Webサイトやブログが SNS でシェアされたときの表示内容を指定できる
- ▶ SEO対策の一環としても使われている

解説 　WebサイトやブログをSNSでシェアされたときに、アピールしたい内容を設定する仕組みです。具体的には、FacebookなどのSNSでWebサイトのページやブログ記事がシェアされると、タイムライン上にOGPで指定した内容を表示できます。Webサイトやブログの情報を効果的に伝えることで、クリック率（CTR）の増加が見込まれるため、SEO対策の一環としてもOGPが使われています。

[TOPIC 1]
OGP の設定項目

OGP は、Web ページやブログ記事の HTML の中に記述し、サイト名・ページのタイトル・シェアする URL・紹介文（ページの記事概要）・シェアする画像などを指定できます。特に紹介文と画像は、Web ページのダイジェストという意味で重要です。

[TOPIC 2]
OGP を設定しない場合

OGP を設定しない場合、シェアした情報の表示内容は SNS 側が自動的に決定するため、何が表示されるかは SNS 次第です。思いもよらない内容が選択されたり、広告や告知として効果的でない内容が表示されたりする可能性があります。

関連用語 ▶▶ SNS→p.151、Meta（旧 Facebook）→p.299、HTMLとXMLとCSS→p.247、CTR→p.183、SEO→p.182、URL→p.241

225

Peer to Peer

コンピューター同士の1対1の通信
P2P
（ピーツーピー／ピア・トゥ・ピア）

POINT
- ▶ コンピューター同士が1対1で行う通信のこと
- ▶ 通信には、ファイル共有ソフトなどの専用アプリが必要
- ▶ 過去には、動画や音楽ファイルの違法交換が著作権問題化した

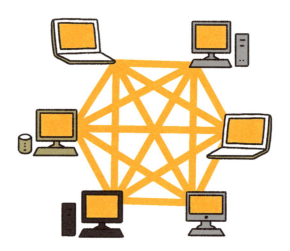

解説 P2Pは対等（Peer）なコンピューター同士が1対1で直接通信することです。インターネット電話（VoIP）やメッセージング（SMS/MMS）などもP2Pです（▶**1**）。過去には、個人が自宅のパソコンに保存する音楽などの著作物を、P2P専用アプリを使ってユーザー同士が直接交換する手段（▶**2**）として流行しましたが、著作権問題やネットワークへの過負荷などから規制されました。

[TOPIC **1**]
P2Pのメリット・デメリット

P2Pは、コンピューター同士の独立した通信なので、サーバーダウンのようにシステム全体に影響する障害が起こりにくいのがメリットです。一方で、誰とでも自由に通信できるので、ウイルスの感染や情報漏えいのリスクなどのデメリットもあります。

[TOPIC **2**]
ファイル共有ソフト

P2Pのユーザー同士が、コンピューター内にあるファイルを交換するアプリです。ファイル共有ソフトは、同じアプリが動いているコンピューターを探し出すと、互いにファイルの一覧を交換します。そこからファイルを指定してダウンロードします。

関連用語 ▶▶ クライアント／サーバーシステム→p.171、VoIP→p.246、SMSとMMS→p.153

226 クローラー

Crawler

Webサイトの情報を集めて回るロボット

POINT
- ネットの中を動き回ってサイトの情報を収集するプログラム（ボット）
- 検索エンジンは、クローラーを使って集めた情報を利用している
- スクレイピングは、目的を持って特定のサイトの情報を集めること

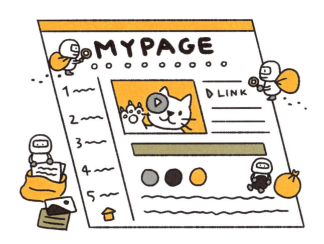

解説 クローラーは、Googleなどの検索エンジンが使う自動化プログラム（ボット）の一種です。クローラーはインターネットの中を動き回りながら（クローリング）、Webサイトにアクセスし、サイト内のページの内容とリンク情報をダウンロードして、その要約を作ります。検索エンジンは、ユーザーが検索を実行すると、この要約を参照して結果を表示します。

[TOPIC 1]
SEO対策
クローラーが認識できるページの情報は、文字情報や外部サイトのリンク、サイトの構造です。サイトに綺麗な写真が貼ってあっても、認識されません。そのためSEO対策では、クローラーが認識する情報が適切に要約されるように、最適化を行います。

[TOPIC 2]
スクレイピング
他社の商品情報を収集するマーケティング活動などにクローラーを利用し、自動収集したデータを利用しやすいように加工することです。サーバー負荷などの理由から利用規約で禁止されることが多く、また情報の転用が著作権問題にもなっています。

関連用語 ▶▶ ボット→p.252

227

Bot

ソフトウェアのロボット
ボット

POINT
- ▶ インターネット上で自律的に動くプログラムのこと
- ▶ ネット上にあるコンピューターの遠隔操作や情報収集などを行う
- ▶ 「ボット」という言葉自体は善悪どちらの意味も持たない

解説 コンピュータープログラムの一種です。プログラミングされた内容に従い、自律的に動作する様子をロボットになぞらえ、ボットと呼んでいます。ボットを使い、インターネット上のコンピューターの遠隔操作や情報収集などを行います。ボットという呼び名自体は、プログラムの動作の特徴を表しているだけで、それ自体は善悪とは関係ありません。

[TOPIC 1]
チャットボット
Webでの各種申し込み画面などで、「困りごとはありませんか？」と尋ねてくるのがチャットボットです。利用者のよくある質問への一時対応を行います。簡単な選択肢での受け答えや登録辞書参照型から、AIを利用した応答まで多くの種類があります。

[TOPIC 2]
SNSとボット
ボットを使い、FacebookやTwitterなどのSNSに、あらかじめ用意しておいた画像や動画、メッセージなど、決まった時間に投稿できます。企業記事や広告の投稿などの、マーケティング手法として使われています。

関連用語 ▶▶ クローラー➡p.251、インターネットとイントラネット➡p.230
人工知能（AI）➡p.194、SNS➡p.151、Meta（旧Facebook）➡p.299

第9章
セキュリティ

セキュリティの
IT用語

Security Management

228 大事な情報を守るための経営活動
セキュリティマネジメント

POINT
- 企業が扱う情報の安全を守ること
- 機密性・完全性・可用性が情報セキュリティの3要素
- 国際標準のISO 27001が情報セキュリティシステムを定義している

解説 　企業が扱う各種情報の消失や悪用が企業と社会に及ぼす被害を、事前に回避する、または発生時の影響を抑える取り組みです。情報セキュリティリスクを想定し、影響や被害評価と対処を行います。情報漏えい防止の例では、影響の深刻さと対策の実現性や効果を検討し、パスワードロックとUSB無効化に加え、社用パソコンの社外持ち出し禁止などのマネジメントを行います。

[TOPIC 1]
情報セキュリティの3要素

情報セキュリティでは、機密性（情報が不正アクセスされないこと）、完全性（情報が改ざんされないこと）、可用性（必要なときに情報を利用できること）の3要素を守ることが重要です。これらの安全を管理するのが、セキュリティマネジメントです。

[TOPIC 2]
ISMSとISO 27001

ISMSとは情報セキュリティマネジメントシステム（Information Security Management System）の頭文字で、情報セキュリティ管理を行うシステムのことです。国際標準のISO 27001が、組織がISMSを構築するために求められる事項や枠組みを定義しています。

関連用語 ▶▶ セキュリティ → p.272

229 Data Loss Prevention / Data Leak Prevention

機密データが漏えいする前に対処する
DLP
ディーエルピー

POINT
- ▶ 機密情報を社外に持ち出さない、持ち出させない戦略を指す言葉
- ▶ 上記を実現するためのソフトウェアやシステムを指すこともある
- ▶ DLPソフトは目印を付けた特定のデータを監視し、漏えいを防止する

解説 情報漏えいの抑止を意味する言葉で、特に機密情報を社外に持ち出さない、持ち出させない戦略のことです。持ち出し監視の対象は、印刷した紙、USBメモリ、電子メール、データベースの情報など、機密情報が何らかの形で記録されている物のすべてが当てはまります。DLPは、情報漏えいの防止を目的とした企業向けのソフトウェアやシステムを指す言葉にも使われます。

[TOPIC 1]
データ持ち出し対策
いろいろな持ち出し対策があります。印刷やコピーの禁止、USBメモリの使用禁止、社内メールサーバー以外での情報送信の禁止や、業務に無関係なWebサイトの閲覧を規制し従業員のパソコンのセキュリティリスクを抑えるなど、禁止と規制を柱とします。

[TOPIC 2]
機密情報の特定と保護
DLPソフトを利用する場合、機密情報かどうかは、対象とするファイル内に目印となる値や記号、キーワードを入力して区別できるようにします。DLPソフトは目印が付けられた情報に対して持ち出し対策を実行し、リアルタイムでの漏えい防止を図ります。

関連用語 ▶▶ USB → p.096

第9章 セキュリティ

Two-Factor Authentication / Two-Step Verification

230

二重のロックで不正ログインを防ぎます
二要素認証と二段階認証

POINT
- ▶ 二要素認証は、異なる2つの要素で本人確認を行う方法
- ▶ 二段階認証は、二段階の手続きで本人確認を行う方法
- ▶ 二要素認証と二段階認証を組み合わせるとより安全

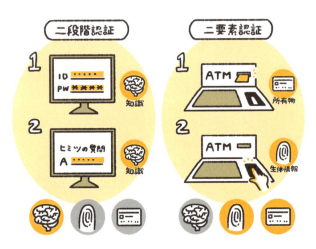

解説 Webサイトなどで、自分のアカウントにログインする際に、2種類の項目や手順を使って認証(本人確認)することです。自転車の盗難防止のために、鍵を二重にするのと同じ発想です。二重にする方法として、ユーザーが入力した異なる2つの要素(▶1)の情報が正しいときに認証する二要素認証と、認証手続きを二段階の手順で行う二段階認証があります。

[TOPIC 1]
二要素認証で使われる要素

要素には、①暗証番号などの「知識」、②スマホなどの「所有物」、③指紋などの「生体情報」があります。これらの中から異なる2つの要素を組み合わせます。例えばATMの指紋認証は、「所有物」のキャッシュカードと「生体情報」の指紋で認証します。

[TOPIC 2]
組み合わせて使う例

LINE・Google・Amazonなどのサービスが、二要素認証を組み合わせた二段階認証を使っています。一段階目として自分のパスワードを入力し、二段階目として自分のスマホのSMSや自分のアカウントに送られた認証コードを入力し、ログインが完了します。

関連用語 ▶▶ インターネット・バンキング → p.056、SMSとMMS → p.153、ワンタイムパスワードとシングルサインオン → p.257

One-Time Password / Single Sign-On

231

1回だけ使えるパスワード／一度だけで済むログイン
ワンタイムパスワードとシングルサインオン

POINT
- ▶ ワンタイムパスワード（OTP）は、1回しか使えないパスワード
- ▶ OTPは専用装置で生成したり、スマホに送られるコードを使ったりする
- ▶ シングルサインオンは一度のログインで複数のサービスが使える仕組み

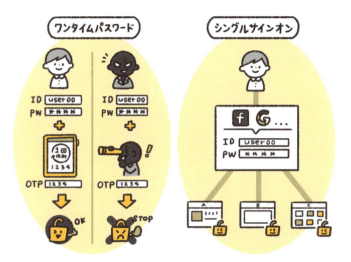

解説 ワンタイムパスワードは、1回しか使えないパスワードのことです。ログインのたびに新しいパスワードを受け取って使います。ワンタイムパスワードは、専用の小型デバイスで生成したり、SMSやアプリのアカウントに送られたコードを使ったりします。シングルサインオンは、1つのサービスにログインすれば、連携する他のサービスをログインなしで使えることです。

[TOPIC 1]
シングルサインオンの長所・短所
メリットは、一度のログインで済むので、複数のサービスに個々にログインする手間を減らせる点です。デメリットは、シングルサインオンに利用しているアカウントが不正にログインされると、連携するサービスに被害が拡大しやすいことです。

[TOPIC 2]
シングルサインオンの例
ログイン時に、メールアドレスやパスワードを入力する代わりに「FacebookやGoogleのアカウントでログインする」などでログインできるのがその例です。利用しようとしているWebサービスに代わり、FacebookやGoogleが利用者の認証を行います。

関連用語 ▶▶ インターネット・バンキング → p.056、SMSとMMS → p.153、二要素認証と二段階認証 → p.256

232

Firewall

サイバー攻撃から身を守る防火壁
ファイアウォール

POINT
- ▶ 外部からのサイバー攻撃の侵入を食い止めるセキュリティ製品
- ▶ 通信データの内容を監視し、疑わしい場合は防御する
- ▶ ソフトウェアタイプやネットワーク機器タイプがある

解説 外部からのサイバー攻撃の侵入を食い止める機能を、火事を防ぐ壁になぞらえてファイアウォールと呼びます。ファイアウォールは、通信先相手のIPアドレスチェック、添付ファイルのウイルスチェックなど、通信データのさまざまな項目を監視し、疑わしい場合には防御（▶1）を行います。Windowsに標準搭載のWindows Defenderもパソコンを守るファイアウォールです。

[TOPIC 1]
防御の基本

身近なパソコン用製品を例に取ると、通信データの監視の結果、怪しいアクセスや攻撃パターンを検出したときは、その通信データを破棄（遮断）したり、ウイルス感染メールを隔離フォルダに移動したりするのが防御の基本です。

[TOPIC 2]
ファイアウォール製品

Windows DefenderのようなOS組み込み型以外の一般向けとしては、パソコンやサーバーにインストールして使うソフトウェアとして販売されています。企業向けでは、専用のハードウェアを使い、大量のデータを高速かつ細部まで監視する製品もあります。

関連用語 ▶▶ サイバー攻撃 → p.273、DMZ（非武装地帯）→ p.259、
IDS（不正侵入検知）、IPS（不正侵入防御）→ p.277

233 DMZ（非武装地帯）

DeMilitarized Zone

サイバー警備隊がいないネットワーク空間

POINT
- ▶ 社内ネットワークとインターネットの間に設けられるネットワーク
- ▶ DMZにはインターネットに公開するWebサーバーなどを置く
- ▶ DMZを設けるためにはファイアウォールが必要

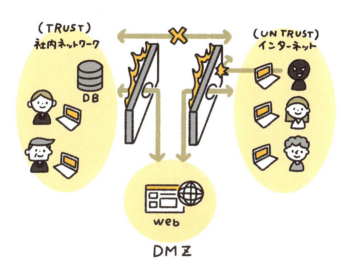

解説 DMZは、企業ネットワークの一部で、社内ネットワークとインターネットの間に設けられます。企業活動ではWebサイトでの情報発信や取引に関するデータのやり取りなど、社外との通信が不可欠ですが、社内とインターネットを直接つなぐとセキュリティ上のリスクが高まります。そこで、すべての通信をDMZ内で受けて、外部から直接社内ネットワークを見えなくします。

[TOPIC 1]
なぜDMZが必要か

DMZを設けずに社内ネットワークに外部発信用サーバーを置いた場合、インターネットからの悪意ある攻撃で外部発信用サーバーが乗っ取られると、そのまま社内が攻撃の危険にさらされます。外部発信用サーバーをDMZに置くことで、被害の拡大が防げます。

[TOPIC 2]
ファイアウォール二段構え

DMZから見て、社内ネットワークとインターネットの両側にファイアウォールを設置し、「社内ネットワーク→DMZ→インターネット」の順に接続します。「社内ネットワークとDMZの間」と「DMZとインターネットの間」でファイアウォールの二段構えです。

関連用語 ▶▶ ファイアウォール → p.258

234

Secure Sockets Layer / Transport Layer Security

Webサイトの通信を暗号化する方法
SSL/TLS
（エスエスエル　ティーエルエス）

POINT
- ▶ ブラウザとWebサイト間の通信を暗号化する方式
- ▶ SSLの後継の規格がTLS
- ▶ SSL/TLS通信時にはブラウザのURL窓に鍵マークが表示される

解説 SSLとTLSは、ユーザーが使うブラウザとWebサイトとの間で安全な通信を行うための、暗号化通信方式の名前です。SSL/TLS通信時は、ブラウザのURL窓に鍵マークが表示されます。Webサイトを見るとき、ブラウザからWebサイトへ見たいページや入力したパスワードなどの情報が送られます。SSL/TLSで通信を暗号化すれば、この情報が覗き見られても内容はわかりません。

[TOPIC 1]
両方の名前で呼ぶ理由
SSLは1990年代に開発されましたが、その後、重大な欠陥が見つかり最終的には使用の禁止が勧告されました。SSLの問題点を解決したTLSが開発され、現在はTLSが使われていますが、既にSSLが普及していたためにその名称が残り、併記され続けています。

[TOPIC 2]
当たり前になるSSL/TLS
以前は、ログインページや個人情報を送信するページだけSSL/TLSを使うサイトが多く見られましたが、現在ではすべてのページを暗号化するのが当たり前になっています。覗き見が簡単な無線LANが普及したことも、この流れを推し進めています。

関連用語 ▶▶ 共通鍵暗号方式と公開鍵暗号方式 → p.261、認証局と電子証明書 → p.262、WWWとHTTPとHTTPS → p.246

235 共通鍵暗号方式と公開鍵暗号方式

Symmetric Key Cryptography / Public Key Cryptography

暗号化の鍵と復号の鍵が、同じか別かが異なる

POINT
- 共通鍵暗号は、暗号化と復号に、同じ共通鍵を使う
- 公開鍵暗号は、暗号化と復号に、公開鍵と秘密鍵を使う
- 多くの暗号方式は、共通鍵暗号と公開鍵暗号を組み合わせて使う

解説　インターネット上の暗号化データのやり取りは、鍵のかかる箱にデータを入れ、送信側が鍵をかけて箱を渡し、受信側で鍵を開けるイメージです。共通鍵暗号方式は、鍵をかける送信側と鍵を開ける受信側で、同じ鍵（共通鍵）を使います。公開鍵暗号方式は、秘密鍵から公開鍵を作り、公開鍵を相手に送ります。送信側は公開鍵で鍵をかけ、受信側は秘密鍵で鍵を開けます。

[TOPIC 1]
ハイブリッド暗号方式
共通鍵暗号方式と公開鍵暗号方式を併用することです。共通鍵暗号方式は暗号の解読（復号）時間が短く、また一度鍵交換した鍵を続けて使用できる特徴があります。そこで、公開鍵暗号方式によって共通鍵を交換した後に、共通鍵暗号方式で通信します。

[TOPIC 2]
公開鍵はなぜ公開できるのか
暗号文を復号するのに秘密鍵を使いますが、理論上は公開鍵を元に秘密鍵を計算して求めることができます。ただし、その計算は非常に長い時間を要するため、現実では暗号の盗聴には役立ちません。そのため、暗号化に使用する公開鍵の公開が可能なのです。

関連用語 ▶▶ SSL/TLS → p.266、認証局と電子証明書 → p.262

第9章 セキュリティ

Certification Authority / Electronic Certificate

236 本物の暗号鍵が持つ証明書
認証局と電子証明書

POINT
- ▶ 認証局は、電子証明書の発行と失効を管理する機関
- ▶ 電子証明書は、通信しているのが本人であることを証明する電子ファイル
- ▶ Webのやり取りでは、相手が確かに本人か確認することが重要

解説 認証局は、暗号化通信で使用する電子証明書の発行と失効を管理する機関です。電子証明書は、通信しているのが本人であることを証明するのに使う電子ファイルです。第三者となる認証局が発行した電子証明書を身分証明書として通信相手に送ることで、暗号化通信で使用する公開鍵が、正当な鍵の所有者から配布されたことを確認します。

[TOPIC 1]

SSL/TLS と電子証明書

WebブラウザとWebサーバーがSSL/TLSで暗号化通信するとき、暗号化に使用する公開鍵が、信頼できるWebサーバーから送られたことを確認する必要があります。電子証明書によりサーバーの運営組織が実在することを証明し、なりすましを防ぎます。

[TOPIC 2]

認証局

認証局の主体は、民間企業です。認証サーバーを立ち上げれば、誰でも認証局として証明書を発行できますが、社会的な信頼が求められるため、通常は大手のネット関連企業が認証サービスを提供しています。

関連用語 ▶▶ SSL/TLS → p.260、共通鍵暗号方式と公開鍵暗号方式 → p.261、WWWとHTTPとHTTPS → p.246、電子署名 → p.268

237 セキュリティホール

Security Hole

侵入者が通り抜けるセキュリティの穴

セキュリティホール

POINT
- ▶ システムが持つ、悪用できるセキュリティ上の欠陥
- ▶ プログラムのバグや設計ミスなどで生まれる
- ▶ OSやアプリをアップデートして穴をふさぐことが大切

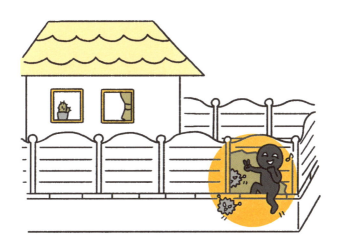

解説　脆弱性とも呼ばれる、セキュリティの抜け穴、つまりシステムが持つ情報セキュリティ上の弱点や欠陥のことです。セキュリティが家を囲むフェンスだとすると、そこに穴が開いていて、不正侵入者が出入りできてしまうことを意味します。不正侵入者は、抜け穴を通ってネットワークやシステムに入り込み、データの改ざんや不正取得、アプリやOSへ危害を加えます。

[TOPIC 1]
穴の種類
セキュリティホールが生まれる代表的な理由に、プログラムのバグ（意図どおりに動かない）、そもそもの設計ミス（特定の条件が揃うと誰でもアクセスできるなど）、開発者が仕込んでいたメンテナンス用の隠し機能が露見し悪用される、などがあります。

[TOPIC 2]
アップデートによる予防
日頃パソコンやスマホを使っていると、OSやアプリのアップデート通知を目にします。セキュリティ上更新が必要というメッセージがあるときは、セキュリティホール対策が入っていると考えて、アップデートを実施し穴をふさぐことが大切です。

関連用語 ▶▶ ウイルス対策 → p.264、脆弱性 → p.274、バグとデバッグ → p.118

第9章 セキュリティ

238

Computer Virus Prevention / Protection

コンピューターが感染する病気の予防と治療
ウイルス対策

POINT
- IT用語でウイルスとはコンピューターウイルスのこと
- ウイルス対策には専用ソフトウェア（ワクチン）の利用が有効
- 日々新しいウイルスが登場するため、継続的な対策が必要

解説 Webサイト、電子メール、USBなどから侵入しようとするコンピューターウイルスを、検出・駆除することです。広い意味では、メールに書かれているURLが疑わしいときは開かないなど、リスクのあるアクセスを避けることもウイルス対策に入ります。ウイルスの検出と駆除には、ワクチンと呼ばれるソフトウェアや、ウイルス対策サービスの利用が有効です。

[TOPIC 1]
ウイルスの意味
元々は、他のプログラムを書き換えて寄生し、寄生されたプログラムの動作により増殖するプログラムのことです。攻撃方法の多様化により、悪意あるプログラムを表すマルウェアや、パソコンを遠隔操作するRATも含め、ウイルスと呼んでいます。

[TOPIC 2]
イタチごっこ
ウイルスは日々新しいものが作り出されており、攻撃してくるウイルスを前もって予測するのは困難です。Windowsなどがウイルスの攻撃を受けて対策を行うと、より進化したウイルスが登場するといった具合に、攻撃と防御のイタチごっこが続いています。

関連用語 ▶▶ セキュリティホール ➡ p.263、マルウェア ➡ p.280、URL ➡ p.241、USB ➡ p.096、RAT（遠隔操作ツール）➡ p.281

239

Biometric Authentication

指紋をスキャンして誰だか見分ける
生体認証
せいたいにんしょう

POINT
- ▶ 指紋や声紋など、同じ特徴を持つ他者がいない情報で本人を識別する
- ▶ パスワードのように忘れたり、盗まれたりしないのがメリット
- ▶ 病気やケガなどで生体情報が変わると認証できなくなる恐れがある

解説 　人間一人一人の異なる身体的な特徴を利用して、個人を識別することです。生体認証に使われるものに、指紋、声紋、静脈の位置、目の虹彩の模様などがあります。特に指紋認証は、スマホやノートパソコンの認証機能をはじめ広く普及しています。本人が生きているかぎり利用可能で、覚える必要がなく、パスワードのように盗む（▶1）のが容易でない点がメリットです。

[TOPIC 1]
生体情報を盗む
映画やドラマでは、指紋をシリコンで型取りして複製したり、虹彩をコンタクトレンズにコピーしたりと、生体情報を盗むシーンが時々出てきます。今は技術的に容易でなく、作り話に近いところがありますが、将来は現実の話となる可能性があります。

[TOPIC 2]
生体情報のリスク
体の部位によっては、病気やケガ、長期の体形変化などで登録時から情報が変化し、それが理由で認証できなくなるリスクがあります。また生体情報は変更できないので、仮に複製され盗用されると、二度とその情報を利用できなくなることも課題です。

関連用語 ▶▶ 電子認証 → p.269

240

Cybersecurity Assessment Service

サイバー攻撃の防災訓練
セキュリティ診断サービス

POINT
- ▶ システムに疑似的なサイバー攻撃を実施し、安全性を調べるサービス
- ▶ 公開サーバーや社内ネットワークなどが主な診断対象
- ▶ 診断対象ごとに細かくサービスプランが用意されている

解説 セキュリティ診断とは、診断対象のシステムを攻撃者の立場からわざと攻撃して、どの程度まで耐えられるのかを調べることです。セキュリティ診断で防げなかった攻撃があれば、その攻撃に対する弱点・欠陥があるということです。セキュリティに詳しいIT企業が、商用サービスとして提供しています。また、ツールを使った自己診断（▶2）などもあります。

[TOPIC 1]

脆弱性診断

セキュリティ攻撃へのシステムの耐久力を調べる意味で、脆弱性診断とも呼びます。大量のデータをサーバーやWebサイトに送り込む過負荷試験や、疑似的な攻撃により設定・仕組みの不備を突き侵入や情報の持ち出しを試みる、などの試験で診断します。

[TOPIC 2]

自己診断

有料や無料の各種のセキュリティ診断ツールを使えば、自力でもある程度のセキュリティ診断が可能です。独立行政法人 情報処理推進機構（IPA）も、脆弱性対策のためのチェックシートや各種のツールを提供しています。

関連用語 ▶▶ サイバー攻撃 → p.273、セキュリティホール → p.263

241

Disaster Recovery

ITシステムの防災計画と復旧活動
ディザスターリカバリー

POINT
- ▶ 災害で被災したITシステムの復旧と回復、その予防措置のこと
- ▶ あらゆる災害に備え、運用から物理的な対策まで幅広い考慮が必要
- ▶ ITシステムの重要性から、事業継続プラン（BCP）の一つに含まれる

解説 ディザスターリカバリーは、災害で被災したITシステムの復旧と回復や、そのための予防措置のことです。想定する災害は多岐（▶1）にわたります。システム・データセンター・通信回線の二重化やバックアップなどの運用に関するものから、IT機器の設置場所や非常電源の確保、建物の耐震性や消防設備などの物理的な対策まで、幅広く考慮する必要があります。

[TOPIC 1]
ITに影響するあらゆることが災害

想定する災害を数え上げると、自然災害、火災、事故、停電、テロ、サイバー攻撃など、ITシステムに被害を与える事態のすべてに及びます。特に日本では、地震、津波、台風などの自然災害の多さが特徴です。

[TOPIC 2]
復旧の目標

復旧計画では、災害から復旧に要する復旧時間と、災害発生前のどの時点に戻すかを意味する復旧時点（＝バックアップ間隔）の目標設定を行うことが推奨されています。復旧時間とバックアップ間隔のいずれも短いほど、復旧力が高いと言えます。

関連用語 ▶▶ フォールトトレランス → p.131、サイバーレジリエンス → p.278

242 電子署名

電子ファイルに印鑑を押す方法

Electronic Signature

POINT
- ▶ 電子ファイルの作成者を証明し文書の改ざんを検出する方法
- ▶ 紙の書類への押印や自筆のサインに当たる
- ▶ 行政手続きへの導入が進められている

解説 電子署名は、紙の書類への押印や自筆のサインと同様の機能を、電子ファイルに対して行うものです。送信者の本人確認と送付された電子ファイルの改ざんが検出できます。元ファイルから生成したハッシュ値（▶1）を公開鍵で暗号化した電子署名を、元ファイルと一緒に送信します。署名が復号できることで送信者の本人確認を行い、ハッシュ値を用いて改ざんを検出します。

[TOPIC 1]
ハッシュ値と改ざんの検出

ハッシュ値は、Word の文書ファイルのような大きなデータから求められる短いデータ（要約値）です。文書を変更するとハッシュ値も変わります。電子署名として受信したハッシュ値と、受信ファイルから求めたハッシュ値が一致すれば、改ざんはありません。

[TOPIC 2]
法整備

電子署名に関する法律に、「電子署名及び認証業務に関する法律」（2001年）があります。電子署名を正式に認めること、署名の認証局に関することを柱とします。2020年に行政文書の認印全廃の方針が決まったことで、関連する法整備が進むと思われます。

関連用語 ▶▶ 電子認証 → p.269、共通鍵暗号方式と公開鍵暗号方式 → p.261

243

Electronic Authentication

コンピューターが納得する本人証明
電子認証(でんしにんしょう)

POINT
- ▶ 電子的な本人確認の手段全般を意味する言葉
- ▶ 1) IDとパスワードでシステムがユーザーを本人確認すること
- ▶ 2) 電子署名などで相手が間違いなく本人だと確認すること

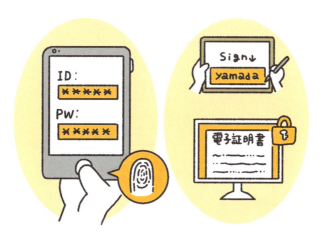

解説 電子的に本人確認を行う方法や制度の総称です。ユーザーIDとパスワードによる本人確認や指紋認証など、システムが電子的に使用者を識別することを指す場合や、電子署名や認証局による電子証明書の発行により、相手が間違いなく本人であることを確かめることを指す場合もあります。このように、電子認証は電子的な本人確認の手段全般を意味しています。

[TOPIC 1]
電子認証の必要性
ユーザーが1人しかいないシステムでは、認証の必要がありません。また、信頼できる小規模なコミュニティなら、相互監視により名前などの簡単な認証で十分です。インターネットの大規模化と匿名性が、高度な電子認証制度を必要とする理由です。

[TOPIC 2]
電子認証登記所
日本では、「商業登記に基づく電子認証制度」という名前で、法人代表者の実印と同じ法的効力を持つ、商業登記法に基づく電子署名を交付する制度があります。この制度では法務局が認証局となり、企業の商業登記情報に基づく電子証明書を発行します。

関連用語 ▶▶ 生体認証 → p.265、電子署名 → p.268、認証局と電子証明書 → p.262

第9章 セキュリティ

244 何でもできるIDこそ厳しく管理する
特権ID管理

Privileged Identity Management

POINT
- ▶ あらゆるシステムや情報にアクセスできる権限を持つIDを管理すること
- ▶ 特権IDの利用時に毎回手続きを求める形で管理される
- ▶ 特権IDを持つ社員が異動・退職したらIDを破棄することも重要

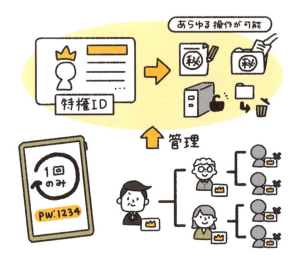

解説 ITシステムの利用者にIDを渡すとき、「営業システムだけ利用可」「ファイルの閲覧は可だが編集は不可」など、IDごとにアクセス権限を設定します。一方、システム管理者にはあらゆる操作が可能な「特権ID」が与えられます。システムを自由に利用できる半面、その不正利用は企業に多大な影響を与えます。このリスクを避ける運用ルールを特権ID管理と呼びます。

[TOPIC 1]
特権IDの管理方法
業務で必要なときだけ特権IDを渡す払い出し制や、ワンタイムパスワードの利用など、利用時に毎回手続きを求める形での管理が行われています。同時に、システム管理業務に必要な範囲にアクセス権を限定することや、渡す社員数を減らす管理も行います。

[TOPIC 2]
特権IDによる不正
特権IDを持つ社員が異動・退職したにもかかわらず、それまで使っていた特権IDが放置されたり使い回されたりしていると、第三者に利用され情報漏えいが起きても不思議ではありません。IDを破棄するなどの適正な特権ID管理を行う必要があります。

関連用語 ▶▶ 不正アクセス → p.275

245 ハッカーとホワイトハッカー

Hacker / White Hacker

他人のコンピューターに侵入する悪いマニアと普通のマニア

POINT
- ▶ ハッカーの元々の意味は、熱狂的コンピューターマニアのこと
- ▶ 反社会的な不正侵入を行うハッカーをクラッカーと呼ぶ
- ▶ 診断目的でコンピューターに侵入を仕掛けるのがホワイトハッカー

ハッカー

ホワイトハッカー：システムの脆弱性を調べるためハッキングする良いハッカー

クラッカー：反社会的な不正侵入や操作を行うハッカー

解説 外部から他人のコンピューターに侵入し操作するのがハッカーです。元々、犯罪者という意味はありませんが、悪意ある不正侵入がハッキングと報道されたことで、次第にシステムに不正侵入する、悪のエンジニアの意味で使われるようになりました。システムの脆弱性を調べるため、わざとハッキングするハッカーは、良いハッカーの意味でホワイトハッカーと呼ばれます。

[TOPIC 1]

クラッカー

本来は中立的な立場のハッカーと区別して、明らかに反社会的な不正侵入を行うハッカーを指してクラッカー（クラッキングを行う者）と言います。くるみ割り器をナッツクラッカーと呼びますが、クラッキングとはセキュリティの殻を叩き割ることです。

[TOPIC 2]

帽子の色

ハッカーに帽子をかぶらせて、色の違いによりハッカーのタイプを区別する呼び方があります。3タイプの場合は黒帽子・白帽子・グレー帽子を使い、それぞれ悪人、正義の人、自分の知識が使えれば善も悪もなす人、という意味合いです。

関連用語 ▶▶ クラッキングとソーシャルエンジニアリング → p.279

第9章 セキュリティ

246

情報とシステムの安全を守る

セキュリティ

POINT
- ▶ セキュリティとは、ITシステムの正常運用を確保しその安全を守ること
- ▶ 今日では、情報の安全を守る情報セキュリティも含まれる
- ▶ セキュリティは、機密性・完全性・可用性を保つことが基本

解説 IT用語でのセキュリティは、コンピューターシステムを物理的な障害や災害から守り機能させるだけでなく、情報セキュリティも含めた総称として使われています。情報セキュリティには3つのセキュリティ要素があり、①機密情報を保全する「機密性」、②情報の整合性を担保する「完全性」、③いつでも必要なときに使える「可用性」を保つことです。

[TOPIC 1]
広がるセキュリティ対象
IT機器が進化するほど、セキュリティの対象は増えていきます。コンピューター本体だけでなく、ハードウェアなどの周辺装置や、通信機器と回線、無線の電波など、セキュリティの対象が多様化しています。

[TOPIC 2]
古典的セキュリティ
セキュリティというと高度な技術のイメージですが、古典的な手法も有効です。盗難防止のためにパソコンと机を結びつける防犯ワイヤーや、肩越しからパソコン画面が見られることを防ぐ覗き見防止フィルターなど、簡易でも効果的な対策があります。

関連用語 ▶▶ セキュリティマネジメント → p.254、可用性 → p.132

Cyber Attack

247 ネット世界の中の犯罪行為
サイバー攻撃

POINT
- ▶ ネットワーク空間における犯罪行為の総称
- ▶ 金銭目的・政情不安をあおる・愉快犯など広範な目的を含む
- ▶ マルウェアを筆頭にあらゆる攻撃方法がサイバー攻撃

解説 コンピューターシステムやネットワークシステムに対する攻撃の総称です。政府・企業・組織・個人と、ネットにつながるすべてがサイバー攻撃の対象です。攻撃の目的も、政情不安や社会不安を狙った社会的なものや金銭を狙った利益目的のものから、他人の迷惑を喜ぶ愉快犯的なものにまで及びます。なお、同様の言葉にサイバーテロリズム（▶1）があります。

[TOPIC 1]
サイバーテロリズム（サイバーテロ）
政治的・社会的理由から、社会に混乱をもたらし、国家の安全保障を脅かす破壊活動のことです。特定の個人を狙ったネット上の詐欺はサイバー攻撃ですが、社会不安を起こす目的で、同時多発的かつ計画的にネット上の詐欺を行えばサイバーテロです。

[TOPIC 2]
サイバーセキュリティ
企業や行政システムに対するサイバー攻撃の広がりから、サイバーセキュリティは国家レベルの防衛領域と考えられています。コンピューターシステムへの攻撃に対する被害防止策を実施し、適切に運用することが求められます。

関連用語 ▶▶ サイバーレジリエンス → p.278、セキュリティ → p.272

248

Vulnerability

コンピューターシステムのセキュリティの泣き所
脆弱性(ぜいじゃくせい)

POINT
- ▶ システムの設計や運用におけるセキュリティ上の弱点
- ▶ 新たな攻撃が脆弱性を「開発」することもありゼロにはならない
- ▶ ソフトウェアだけでなく、ハードウェアにも脆弱性がある

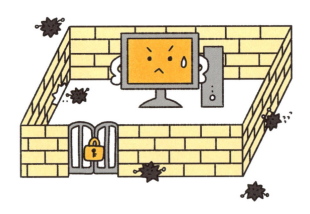

解説 サイバー攻撃を受ける恐れのある、設計ミスや漏れに起因するシステムの弱点で、作り込まれた不具合ともいわれます。また、新しい攻撃方法の登場で弱点が新たに「開発」されることもあります。攻撃者が意思を持って攻撃方法を探し続けるかぎり、脆弱性をゼロにするのは困難ですが、ワクチンソフトの利用やOSやアプリの最新化など、基本を守った対応が重要です。

[TOPIC 1]
脆弱性対策
脆弱性の根絶は無理でも、今できる対処で効果のある対策が可能です。ワクチンソフトや最新版へのアップデートなどの基本的な対策に加えて、国内外の機関が提供する脆弱性に関する情報を逐次確認するなど、継続的な対応を続けることが重要です。

[TOPIC 2]
ハードウェアの脆弱性
CPU・メモリ・USBなどのハードウェアにも設計に起因する脆弱性が存在します。ハードウェアの脆弱性は、根本的な対処が困難です。通常は対処用のソフトウェアを作り問題を回避しますが、無理な場合はハードウェアの交換になってしまいます。

関連用語 ▶▶ サイバー攻撃 → p.273、セキュリティホール → p.263、ウイルス対策 → p.264
CPU → p.074、USB → p.096

249 不正アクセス

Illegal Access

権限がない人のITシステムへのアクセス

POINT
- ▶ 正当な権限のない人間のコンピューターシステムへのアクセス
- ▶ 攻撃しなくても、アクセスするだけで不正アクセスとみなされる
- ▶ 不正アクセス禁止法で法的にも処罰される

解説 正当な権限を持たない第三者による、コンピューターシステムへのアクセスのことです。サイバー攻撃などの実害がなくても、権限なくアクセスした時点で、不正アクセスとみなされます（▶1）。闇サイトなどで売買されている他人のID・パスワードを使う手口と、マルウェアや不正に入手した管理者権限などで盗み出したID・パスワードを使う手口があります。

[TOPIC 1]

不正アクセス禁止法

「不正アクセス行為の禁止等に関する法律」のことです。この法律は、入手した手段によらず他人のIDとパスワードでシステムにアクセスすることと、クラッキングなどでシステムを破壊して侵入することを禁止しています。

[TOPIC 2]

IDの売買

オンラインゲームなどで行われているアカウントの売買も、不正アクセスの一因です。まず、他人のアカウントの売買は、不正アクセス禁止法の処罰対象です。また、自分のアカウントでも、その売買はサービス利用規約違反で、認められていません。

関連用語 ▶▶ サイバー攻撃 → p.273

250

Intrusion Detection System / Intrusion Prevention System

怪しい動きを監視する
IDS（不正侵入検知）、IPS（不正侵入防御）

POINT
- IDS は外部からの不正アクセスを検出するシステム
- IPS は IDS が検出した不正アクセスを遮断するシステム
- 過去の不正なアクセスパターンや異常な通信を監視している

解説 IDSは外部からの不正アクセスを検出するシステム、IPSはIDSが検出した不正アクセスを遮断するシステムです。IDSでは、①既知の不正アクセスパターンの検出に加え、②同一のアクセス元が何度も通信を試みるような異常な通信パターンの監視を行い、不正アクセスを検出します。①をシグネチャ型（▶1）、②をアノマリ型（▶2）と呼びます。

[TOPIC 1]

シグネチャ（Signature）型

サイン・特徴・痕跡などと訳され、この場合は不正アクセスの「特徴」の意味です。これまでにいろいろな不正アクセスが行われてきましたが、それらの動作の特徴を記録したリストと外部からのアクセスの動作を突き合わせ、不正アクセスを検出します。

[TOPIC 2]

アノマリ（Anomaly）型

変則という意味です。「普通はこういう要求や応答があるはず」という観点で通信を監視すると、やり取りに多少バラつきがあっても、正常であれば一定の範囲に収まります。アノマリ型は、この範囲を外れた変則的なやり取りを不正アクセスとみなします。

関連用語 ▶▶ 不正アクセス → p.275、ファイアウォール → p.258

Cyber Resilience

サイバー攻撃からの復旧計画
サイバーレジリエンス

POINT
- ▶ サイバー攻撃発生時の復元力のこと
- ▶ 攻撃された後の復旧計画や、計画を実行に移せるチームを用意する
- ▶ サイバーレジリエンスはIT部門だけでなく経営者の関与が必要

解説 サイバー攻撃発生時の復元力のことで、サイバー攻撃を受けることを前提に、障害からの復旧計画を考えます。サイバー攻撃の予防に重点を置くセキュリティ対策と比べ、攻撃された後の対応に重点を置く違いがあります。攻撃を受けたデータの復旧方法や業務を継続する手段などを計画するとともに、計画を実行に移せる企業内セキュリティチームの育成も行います。

[TOPIC 1]
経営の関与

サイバーレジリエンスはIT部門だけの問題ではなく、事業継続の観点から経営層の関与が必要です。不正アクセスや情報漏えいなどインシデント発生時の適切で素早い対応と決断には、経営の視点が求められます。

[TOPIC 2]
アメリカ国立標準技術研究所

アメリカ商務省の国立標準技術研究所（NIST）が、サイバーレジリエンス・システムに関する勧告を発行しています。その中では、サイバーレジリエンス・システムが目指すゴールを、「予知」「対抗もしくは回避」「復旧」「適応」の実現としています。

関連用語 ▶▶ サイバー攻撃 → p.273、不正アクセス → p.275、ディザスターリカバリー → p.267

252

Cracking / Social Engineering

コンピューターや人間の弱点を狙ったシステムへの攻撃
クラッキングとソーシャル・エンジニアリング

POINT
- どちらもシステムへの不正アクセス手段のこと
- クラッキングは、コンピューターセキュリティを破壊する悪事
- ソーシャル・エンジニアリングは、人間の隙を突く詐欺行為

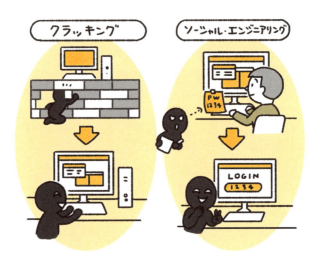

解説 どちらもシステムへの不正アクセス手段です。クラッキングは、コンピューターシステムの弱点を突いて、直接的な不正アクセスを行います。ソーシャル・エンジニアリングは、「外でパスワードをしゃべっている」「パソコンにパスワードを書いた付箋を貼っている」など、人間のミスや隙・不適切な行動につけ込み入手した情報を使って、不正アクセスを行います。

[TOPIC 1]
クラッキングとハッキング
クラックは、コンピューターの不正利用のためセキュリティを破壊する悪事です。これに対して、元々のハッキングは、コンピューターに精通したハッカーが、難攻不落のサーバーにいたずらするなど、技術の腕試し的な意味合いが強いものでした。

[TOPIC 2]
ソーシャル・エンジニアリング
元々は社会工学という意味ですが、コンピューターシステムへの不正侵入者が、人間の本能を逆手に取った方法で攻撃を行ったことから、こう呼ばれます。世界的に有名なハッカーの、ケビン・ミトニックの手口として、広く知られるようになりました。

関連用語 ▶▶ ハッカーとホワイトハッカー → p.271、フィッシング → p.281、標的型攻撃（ビジネスメール詐欺）→ p.288、ワンクリック詐欺 → p.290

253

Malware

悪事をなすソフトウェア
マルウェア

POINT
- ▶ 不正や有害な動作をするプログラムの総称
- ▶ マルウェアの悪事は、目に見えるものと見えないものがある
- ▶ ウイルス対策ソフトを常に最新にするなどして防御する

解説 不正や有害行為を行うプログラム、利用者の意図に反する行為を行うプログラムの総称です。フリーソフトと併せてインストールさせるなど、ユーザーに簡単に気づかれない手段でコンピューターに入り込み、被害を与えます。対策は、ウイルス対策ソフトを常に最新にする、フリーソフトは配布元を確かめる、インストール時はむやみに「OK」を押さないなどです。

[TOPIC 1]
マルウェアに感染すると
金銭目的の脅迫系のマルウェアは、「アダルトサイトの利用料を払え」などの画面が表示され、すぐに感染がわかります。逆に、情報を盗んだり作業を監視したりするタイプは、実際の被害がわかるまでその感染に気づかないことがあります。

[TOPIC 2]
実害の例
マルウェアが収集した各種のログイン情報や、Webサイトのアクセス時に使われたクレジットカード情報の不正利用による金銭的な被害が出ています。また、コンピューター内のファイルの上書きや、データの消去などの行為も大きな実害をもたらします。

関連用語 ▶▶ ウイルス対策 → p.264、ランサムウェア → p.292、踏み台攻撃とトロイの木馬 → p.286、RAT（遠隔操作ツール）→ p.280、ゼロデイ攻撃 → p.287

Remote Administration Tool / Remote Access Tool

254

他人のパソコンを勝手に遠隔操作
RAT（遠隔操作ツール）

POINT
- ▶ 遠隔操作ウイルスとも呼ばれるマルウェアの一種
- ▶ コンピューターの管理者になりすましデータを盗む
- ▶ 人間が直接攻撃するので被害が深刻化しやすく非常に危険

解説 コンピューターの管理者権限を乗っ取り、乗っ取ったコンピューターに常駐し攻撃者が遠隔で操作できるようにするソフトウェアです。侵入したコンピューターはもとより、接続しているサーバーのデータの盗み出しや改ざん、キー入力の盗聴や画面の盗撮などを行います。また本格攻撃の準備のために、ネットワーク構成情報やログイン情報などを盗む攻撃も行います。

[TOPIC 1]
感染経路と防御
RATもその他のマルウェアと同じく、詐欺メールやWebサイト内のリンクのクリックなどから感染します。防御の堅いコンピューターに侵入するために、踏み台としてつながっている脆弱なコンピューターを狙い、そこから侵入することもあります。

[TOPIC 2]
マルウェアとRATの違い
不正に侵入したコンピューターの中で、事前にプログラミングされた内容を実行するマルウェアと比べて、RATの場合は、RATを仕込んだコンピューターに人間が遠隔で入り込み、解析しながら攻撃するため、被害が深刻化・長期化しやすく非常に危険です。

関連用語 ▶▶ マルウェア → p.279、脆弱性 → p.274

255

Phishing

詐欺師が獲物を釣るためのいかさまWebサイト

フィッシング

POINT
- ▶ 実在の企業になりすまし、詐欺メールから不正サイトへ誘導する
- ▶ 誘導したサイトに入力した個人情報を使い被害を与える
- ▶ 最大の防御は詐欺メールを無視すること

解説 ネット詐欺の手口の名前です。最初に実在の金融機関や企業(▶1)をかたり、なりすましメールを送り、記載のURLから偽のWebページへ誘導します。誘導された被害者がそのページを開くと、住所氏名やID・パスワードなどを入力させます。入手した個人情報を使って、預金の引き出しや換金可能な商品の購入などを行い、被害者に金銭的な被害を与えます。

[TOPIC 1]
詐欺に使われる企業
銀行などの金融機関や、有名企業の名前をかたります。「パスワードの登録が完了しました」「請求のお知らせ」「パスワードが漏えいしました」「アカウントがロックされています」など緊急性をあおる文言を使い、偽のWebサイトへ誘導します。

[TOPIC 2]
フィッシングの防御
最大の防御は無視です。メールに記載のリンクにアクセスしない、登録したブックマークだけ使う、企業の正規の窓口で確認するなどで防げます。また、URLから詐欺とわかることもあります。もし情報を入力してしまったら、即座にカードを停止します。

関連用語 ▶▶ 標的型攻撃(ビジネスメール詐欺) → p.288、
クラッキングとソーシャル・エンジニアリング → p.278、URL → p.241

256 SPAM

山のように送られてくる迷惑メール
SPAM（スパム）

POINT
- しつこく送られてくる迷惑メールのこと
- 単なる押し売りから、架空の料金請求や個人情報収集までさまざま
- スパムメールに返信するとカモリストに登録されるリスクがある

解説 しつこく送られてくる身に覚えのない商品宣伝メールは、典型的なスパムメールです。スパムメールが届き始める理由には、メールアドレスの流出やアドレス収集目的のサイトへの誤登録などがあります。一度スパムメールが届いたメールアドレスは、アドレス情報が転売されていることが考えられ、次から次へと新たなスパムメールが送られてくる可能性があります。

[TOPIC 1]
スパムメールの目的
スパムメールは単なる広告の場合と、詐欺目的の場合があります。詐欺の場合は、偽のショップサイトに誘導してカード情報をだまし取る、アダルトサイトや出会い系サイトの料金を請求する、もうけ話で金銭を振り込ませるなどのパターンがあります。

[TOPIC 2]
スパムメールに返信すると
スパムメールには、知り合いと名乗って、どうとでもとれる内容のメールを送り、メールアドレスの持ち主のだまされやすさをテストするものがあります。つい返信すると、「だまされやすい人物」と認識され、さらにスパムメールが届くようになります。

関連用語 ▶▶ ワンクリック詐欺 → p.290

257　DoS攻撃とDDoS攻撃

Denial of Service Attack / Distributed DoS Attack

質問攻めにして動けなくする攻撃

POINT
- Webサーバーなどに過剰な負荷をかけてダウンさせる攻撃
- 複数の攻撃者が一斉に1台のサーバーを狙うのがDDoS攻撃
- マルウェアに感染させ、DoS攻撃の踏み台に使うことが多い

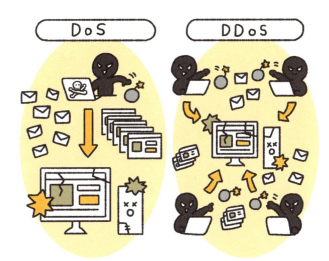

解説　DoS攻撃は、Webサイトへの集中的なアクセスや大量の電子メール送信などの過剰な負荷をかけて、サーバーを停止させる攻撃です。denial（拒絶）とは、サーバーの処理限界を超える要求により、サーバーがすべてのサービスを拒否する状態に落とし入れるという意味です。DDoSは分散DoS攻撃のことで、複数の攻撃者が一斉に1つのサーバーを狙いDoS攻撃を行います。

[TOPIC 1]
DoS攻撃への対応

DoS攻撃の早期に、疑わしいアドレスや不審なサイトからのアクセスを検出し遮断します。またDoS攻撃は他人のコンピューターを踏み台に使うことが多く、自分のパソコンが踏み台に利用されないよう、普段からのウイルス対策が重要です。

[TOPIC 2]
IoT機器によるDDoS攻撃

大量に存在するIoT機器もDDoS攻撃の踏み台に使われる可能性があり、IoT機器のセキュリティ対策も大変重要です。特に狙われやすいのが、買ってきたままのIDやパスワードで、そのままでは簡単に侵入されるリスクがあるので、すぐに変更します。

関連用語 ▶▶ 踏み台攻撃とトロイの木馬 → p.286、IDS（不正侵入検知）、IPS（不正侵入防御）→ p.276、IoT → p.147

258

Cross-site Scripting (XSS)

正規の Web サイトを悪用した隠密攻撃
クロスサイト・スクリプティング

POINT
- ▶ 安全なはずの、正規の Web サイトを経由した攻撃のこと
- ▶ 正規のサイトに挿入した攻撃用のスクリプトをユーザーに実行させる
- ▶ 正規サイトに見せかけた偽サイトに導かれ、入力した情報を盗まれる

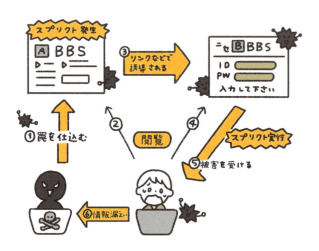

解説　被害を与えるユーザーにさとられずに、安全と思われる正規のWebサイトを経由して悪意あるスクリプトを実行させる攻撃です。プログラムの一種のスクリプトを、正規のWebサイトの投稿欄などに書き込みます。攻撃用のスクリプトには、個人情報収集やフィッシング詐欺サイトへ接続する内容が書かれており、気づかずに実行し情報漏えいや詐欺被害につながります。

[TOPIC 1]
クロスサイトの例

まずスクリプトに脆弱な掲示板サイトAに、正規のサイトBへのリンクに見せかけたボタンとスクリプトを仕掛けます。ユーザーがサイトBへアクセスと思ってボタンを押すと、ユーザーのパソコンでスクリプトが実行され偽のサイトBへ転送されます。

[TOPIC 2]
防御策

サイト運営者の対策には、投稿窓に入力できる文字や値を制限する方法と、プログラムのコマンドに使える文字を他の文字に置き換える方法があります。ユーザーの側は、疑わしいリンクを不用意にクリックしない自衛策が最大の防御です。

関連用語 ▶▶ インジェクション攻撃 → p.285、スクリプト → p.113、脆弱性 → p.274
フィッシング → p.281

259 インジェクション攻撃

プログラムを注入しサイトを乗っ取る攻撃

Injection Attack

POINT
- ▶ 文字列に見せかけた悪意あるプログラムを流し込む攻撃
- ▶ プログラムを「注入」するので、コードインジェクションとも呼ばれる
- ▶ 文字の置き換えなどにより不正なコードを無害化し防御する

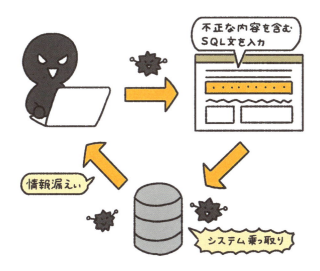

解説 悪意のあるプログラムコードを、標的のサイトに「注入」する攻撃です。例えばWebサイトの入力欄から、文字列に見せかけたプログラムを流し込みます。流し込まれたサーバーが脆弱だとプログラムを実行することで、情報漏えいやシステムの乗っ取りなどの被害が発生します。SQLインジェクションや、スクリプト・インジェクション（▶1）などが知られています。

[TOPIC 1]
インジェクション攻撃の例
SQLインジェクションは、データベース言語のSQLを使った攻撃です。スクリプト・インジェクションはJavaScriptを使う攻撃が知られていて、不正なコードをサーバーに実行させる手法で、クロスサイト・スクリプティングに使われています。

[TOPIC 2]
インジェクション攻撃の対策
基本的な対策は、不正なコードの検出と無害化です。文字列として送られたスクリプトが一定の規則に一致すると、サーバーはそれをプログラムと認識します。そのような文字を検出し、削除や強制的に書き換えるといった処理を行います。

関連用語 ▶▶ スクリプト → p.113、クロスサイト・スクリプティング → p.284、脆弱性 → p.274

Stepping-stone Attack / Trojan Horse Attack

踏み台攻撃とトロイの木馬

他人のコンピューターを乗っ取って攻撃

POINT
- ▶ 直接攻撃せず、他のコンピューターを乗っ取りそこから攻撃する
- ▶ 踏み台を使えば、攻撃者は自分の存在を隠せるので攻撃しやすい
- ▶ トロイの木馬は古くから使われている踏み台攻撃の名前

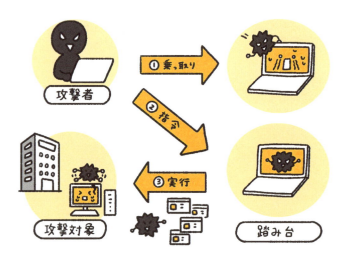

解説 攻撃対象のシステムに対し、他のコンピューターを乗っ取り、そこからサイバー攻撃を行います。乗っ取ったコンピューターを、踏み台と呼びます。他の攻撃手段と組み合わせて、現在も広く使われている手法です。攻撃を受けたコンピューターが被害を受けるだけでなく、踏み台にされたコンピューターも、加害者として損害賠償を請求されるリスクがあります。

[TOPIC 1]

踏み台の効果

踏み台を使うことで、攻撃者が自分の存在を隠して攻撃を行えます。信頼されたシステム内にある脆弱なコンピューターを踏み台に使えば、非常に攻撃しやすくなります。DDoS 攻撃のように、踏み台を増やし攻撃の威力を高める効果もあります。

[TOPIC 2]

トロイの木馬

一見正当なフリーウェアに見せかけ、マルウェアを同時にインストールさせるなどの方法でコンピューターを乗っ取り、踏み台に使います。ギリシア神話でギリシア軍が兵士を潜ませた巨大な木馬を使い、トロイ城を陥落させた故事からとった言葉です。

関連用語 ▶▶ サイバー攻撃 → p.273、マルウェア → p.279、DoS 攻撃と DDoS 攻撃 → p.283
脆弱性 → p.274

261

Zero-day Attack

セキュリティホールがふさがれる前に行う攻撃
ゼロデイ攻撃

POINT
- ▶ 未知・未対応の脆弱性に対するサイバー攻撃のこと
- ▶ 脆弱性への対処情報の公開1日目よりも前に行われる攻撃
- ▶ 疑わしいアクセスの検知などで対策しつつ修正プログラムを待つ

解説 脆弱性に対処する情報が公開された時点をデイワン（Day 1）とし、それ以前に行われる攻撃なのでゼロデイ（0 Day）と呼びます。また、既知の脆弱性に対しても、まだ修正プログラムがリリースされていない脆弱性への攻撃を、ゼロデイ攻撃と呼びます。いずれにしても、脆弱性への対処がされていないため、攻撃による被害が出やすいと言えます（▶1）。

[TOPIC 1]
ゼロデイ攻撃の被害軽減策
ゼロデイ攻撃への直接の対処法はありません。それでも、セキュリティソフトの導入や疑わしいアクセスの検知、利用しているOSとソフトウェアを常に最新の状態にすることで、防御や被害の軽減を期待できる可能性はあります。

[TOPIC 2]
ゼロデイ攻撃の手順
ゼロデイ攻撃は、脆弱性の調査と攻撃の二段階で行われます。標的を絞った攻撃の場合、例えばA社のコンピューターの脆弱性を狙って侵入してOSやソフトウェアを調べ、その弱点を分析します。次に弱点を攻略するマルウェアを開発し、攻撃を行います。

関連用語 ▶▶ マルウェア ➡ p.279、セキュリティホール ➡ p.263、ウイルス対策 ➡ p.264、脆弱性 ➡ p.274

262 Targeted Attack (Business E-mail Compromise)

もっともらしい仕事の話で人をだます詐欺メール
標的型攻撃（ビジネスメール詐欺）

POINT
- ビジネスにおけるメールのやり取りをかたる詐欺
- 事前に取引先やビジネスの案件を調べてから罠を仕掛ける
- 直接の金銭だけでなく、入札金額などの情報を狙う詐欺もある

解説 取引先の担当者や自社の役職者、関係する弁護士や会計士などの名前をかたり、振込指示や送金の要求を行います。基本的にフィッシングと同じ手口を使いますが、非常に巧妙（▶1）に罠を仕掛けます。ビジネスメール詐欺では、振込先や送金先に海外の銀行口座を指定する特徴があります。海外送金した資金の回収はまず不可能なので、振り込む前の対応（▶2）が重要です。

[TOPIC 1]
巧妙化
手当たり次第にえさを投げるタイプの詐欺と異なり、事前に狙った企業の担当者や取引先、具体的なビジネス案件などを調べ上げます。そのうえで、冷静な判断を奪うもっともらしいストーリーを作り、巧妙に罠を仕掛けてきます。

[TOPIC 2]
情報共有による抑止
企業を狙う特徴から、社内の複数部門に同じ詐欺メールを送付している可能性があります。詐欺らしきメールを受け取ったときはIT部門を含めた社内で情報共有する、振込の実行前に関係者に直接確認するなどの行動が、被害の抑止につながります。

関連用語 ▶▶ フィッシング →p.281、クラッキングとソーシャル・エンジニアリング →p.278

263 リスト型攻撃

List Based Attack

闇で手に入れたパスワードを端から試す攻撃

POINT
- 盗み出したIDとパスワードを端から試す不正アクセス
- パスワードリスト攻撃やアカウントリスト攻撃とも呼ばれる
- 使い回しのIDとパスワードが被害を広げる原因になっている

解説　脆弱性のあるWebシステムなどから流出したIDとパスワードのリストを使い、端から試す不正アクセスのことです。不正に入手した情報が銀行口座やクレジットカードなどでも使われていると、実害を伴う犯罪に発展します。流出した情報を使ったリスト型攻撃は、それなりの率で成功することが知られていて、複数サービスでの情報の使い回しが被害を拡大させています。

[TOPIC 1]
総当たり攻撃（ブルートフォース攻撃）
不正アクセスの一種に、総当たり攻撃があります。IDを入手したがパスワードがわからない場合などに、ヒットしやすいパスワードリストも使い、可能なパスワード入力をすべて試します。プログラムによる自動化が可能なので、今でも行われています。

[TOPIC 2]
パスワード設定のコツ
一般に、英字数字混在・大文字小文字混在・記号を入れる・最低10文字以上などを満たすものが、良いパスワードの特徴といわれます。逆に、生年月日や電話番号など、個人に紐づいた推測できる情報を使ったものは見破られるリスクが高くなります。

関連用語 ▶▶ 不正アクセス → p.275、脆弱性 → p.274

264 ワンクリック詐欺

One-Click Billing Fraud

クリックしただけで送られてくる身に覚えのない請求書

POINT
- ▶ クリックしただけで身に覚えのない利用料などを要求する詐欺
- ▶ 被害者を追い込むため、請求画面を表示し続ける
- ▶ 完全な違法行為なので、無視するのが最善の対処

解説 Webサイトや電子メールに含まれるURLやボタンなどをクリックすると、金銭を要求する画面を表示する詐欺です。詐欺サイトには、被害者が声を上げづらいアダルトサイトや出会い系サイトなどが多く、「会員登録が終わりました」などの画面を表示し、入会金や会費を請求します。誤登録と思い連絡すると、だまされやすいターゲットの記録に残るので返信は厳禁です。

[TOPIC 1]
対処法

ワンクリック詐欺は契約したと思わせて金銭を要求しますが、法的には完全に無効なので、ブラウザをすぐに閉じるなど無視が最善です。決して応答や返信をせず、不安な場合は、消費生活センターや警察などの機関で相談できます。

[TOPIC 2]
ゼロクリック詐欺

より悪質化したワンクリック詐欺です。例えばWebサイトにアクセスするだけで料金請求画面が表示され、その後はワンクリック詐欺と同じ展開が待っています。こちらもワンクリック詐欺と同じように、無視するのが一番です。

関連用語 ▶▶ URL → p.241

Site Blocking

265 不正サイトへのアクセスを止める
サイトブロッキング

POINT
- 通信事業者が違法サイトへのアクセスを遮断する
- 違法サイトを裁判で閉鎖させるよりも効果的
- 憲法の定める通信の秘密の保護と知る権利との議論は未決着

解説 通信事業者が、犯罪行為の助長・海賊版・麻薬取引・アダルトなど有害・違法なWebサイトへのユーザーのアクセスをブロックし、閲覧できなくすることです。これまでの手段は個別の裁判で、そのようなサイトを閉鎖させる方法だけでした。違法サイトへのアクセスそのものを遮断するサイトブロッキングは効果が高く、海外での導入が進む中で日本も注目しています。

[TOPIC 1]
憲法との整合性
サイトブロッキングにより、①対象となるWebサイトの監視が憲法の規定する検閲の禁止と通信の秘密の侵害に当たらないか、②怪しいサイトとして著作権侵害請求が濫用されると表現の自由（知る権利）を制約しないか、との2つの議論があります。

[TOPIC 2]
サイトブロッキングの現状
漫画や音楽などの不正コピーによる莫大な経済損失が問題となり、2018年にNTTが漫画村などにブロック実施の方針を出しましたが、漫画村側が自主的に閉鎖したため、結果的に実施に至ったケースはありません。また、法的な問題も未決着なままです。

関連用語 ▶▶ なし

第9章 セキュリティ

Ransomware

266

コンピューターのデータを誘拐する恐喝犯
ランサムウェア

POINT
- ▶ ランサムは人質の意味で、データなどを人質に身代金を要求する
- ▶ データの暗号化やアプリを起動できなくさせて、被害者を脅す
- ▶ マルウェアの一種なので、ウイルス対策ソフトなどで対策する

解説 マルウェアの一種で、コンピューターシステムやその中のデータを「人質」に取り、利用者に対し金銭などを要求します。コンピューターのディスクをロックしてアプリを起動させない、コンピューター内のデータを暗号化して使えなくするなどで脅します。標的のコンピューターを支配したうえで、ロックの解除や暗号を解くための身代金を支払うよう恐喝します。

[TOPIC 1]
感染経路
マルウェアの感染と同じで、多くはWebサイトやメールに記載のリンクや添付ファイルを開くことにより感染します。一般のWebサイトに不正アクセスして改ざんし、そこを踏み台としてランサムウェアをばらまく感染経路もあります。

[TOPIC 2]
ランサムウェア対策
効果を上げている、感染システムを復元するツールに、ユーロポール（欧州刑事警察機構）が支援するNo More Ransomがあります。やはり、OSやアプリのセキュリティアップデートをこまめに実施し、疑わしいリンクを開かないなどの基本を守ることが重要です。

関連用語 ▶▶ マルウェア → p.279、踏み台攻撃とトロイの木馬 → p.286

267 リバース・エンジニアリング

分解して仕組みを調べる

Reverse Engineering

POINT
- ▶ 製品を分解・解析し、その構造や材料などを明らかにすること
- ▶ 解析自体は合法だが、コピー商品を作って販売するのは違法
- ▶ 解析結果を、新しいものづくりに生かす

解説 製品を分解・解析し、その構造や材料・回路・設計などを明らかにすることです。リバース・エンジニアリングは、システム間を接続する通信手順の解析、使用部品の廃版による置き換え、製品の安全性検査、他社製品の分析など、さまざまな理由で行われています。解析自体は合法ですが、解析結果からコピー商品を作って販売するのは知的財産権の侵害になります。

[TOPIC 1]
解析する意義

人類の進歩は模倣からといわれます。名画の巨匠たちの作品は、どのような技巧が使われているのか、絶えず解析されてきました。同様に、リバース・エンジニアリングの意義も、既存の製品を解析しより良いものを生む、ポジティブな面にあります。

[TOPIC 2]
ソフトウェアの解析と特徴

ソフトウェアのリバース・エンジニアリングでは、0と1のコードを、特殊なソフトウェアを使って人間が読めるプログラムに戻します。そのため、処理で復元したプログラムは、必ずしも元のプログラムと同じとは限らない特徴があります。

関連用語 ▶▶ なし

268 ゼロトラスト

全てを疑いなんでもチェックする

Zero Trust

POINT
- ITシステムに関わる全てについてその信用性を確認する考え方
- 利用者、接続する端末、データなど幅広い対象に信用確認を行う
- 単純なパスワードの禁止など、信用判断に使う情報への考慮が必要

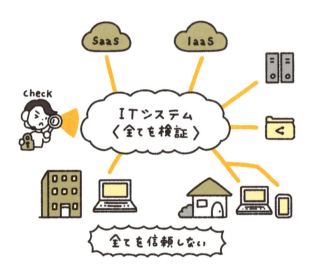

解説 IT分野のセキュリティ用語で「何も信用しない」を意味します。信用しないとは、社内外を区別せず、ITシステムの利用者、システムに接続するコンピューターやスマホなどの端末、送受信データ、アプリなどの全てを対象に、信用確認を行うことです。例えば、以前に認証したユーザーも、時間が経ったり利用場所が変わったりした場合、再認証を要求します。

[TOPIC 1]
ゼロトラスト対策
二要素認証と二段階認証の実施、限定したコンピューターやネットワークへのアクセス権限の付与、データの暗号化や毎回認証が必要な社内VPNネットワーク利用の強制、コンピューターや端末接続時の登録チェックなど、幅広いセキュリティ管理により実現します。

[TOPIC 2]
形だけでは失敗する
導入しても、例えば単純なパスワードを認めたり、雑なアクセス権限の設定だったり、重複した端末登録を受け付けたりと、管理の目の粗い部分からセキュリティ問題が発生します。形式以上に、何を信用するのかという根拠についての考慮が必要です。

関連用語 ▶▶ 二要素認証と二段階認証 → p.256

第 10 章

企業と人物

ITを支えてきた
企業と人物

Google LLC

269 誰もが使う世界最大の検索エンジン
Google（グーグル）

POINT
▶ 検索サイトで有名な巨大情報ビジネス企業
▶ ページランクでサイトを評価
▶ 現在はアルファベット社傘下の子会社

解説 インターネットの情報検索で成長した巨大情報ビジネス企業で、検索サイトの名前でもあります。Googleはページランクと呼ぶ、サイトの重要度を元に関連性の高いサイトを検索する方法で注目されました。それまでは、分野別にサイトを一覧表示するディレクトリサービスや、単なるキーワード検索だったので、サイトの重要さを評価する検索方法は画期的でした。

[TOPIC 1]
グーグル先生でググる
Googleがあまりにポピュラーな検索エンジンとなったことで、検索することを「ググる」と呼ぶようになりました。どんな情報も一度はGoogleを経由してから知ることを例えて、グーグル先生という呼び名もついています。

[TOPIC 2]
アルファベット（Alphabet）社
Googleの親会社として誕生した持株会社で、直接事業は行わずGoogleを含め、傘下にある企業の経営戦略に携わります。Googleの経営組織を再編し、Googleの事業責任の明確化と関連性の低い事業の独立性を高める目的で、2015年に誕生しました。

関連用語 ▶▶ GAFA、GAFAM→p.034、セルゲイ・ブリン→p.316、ラリー・ペイジ→p.317

270 Amazon.com, Inc.

無限の倉庫を持つ雑貨店
Amazon（アマゾン）

POINT
- ▶ 世界最大のネット通販の巨人
- ▶ カスタマーレビューの導入で差別化
- ▶ 社名の由来は、世界最大の流域面積を持つブラジルのアマゾン川

解説 世界中に販売網を持つ、アメリカ生まれのネット通販の巨人です。Amazonは創業にあたり、ネット通販の利点を最大限生かせる商品として書籍（▶1）を選び、その後商品を拡充していきました。単に商品をサイトに並べるだけでなく、ネット上の口コミとしてカスタマーレビューを導入し、その充実により多数のユーザーを集めたことも、大きな成功要因となりました。

[TOPIC 1] ロングテール

細く長く売れる商品を、動物の尻尾に例えた言葉です。出版された書籍の数は膨大ですが、書店に並ぶのはほんの一握りです。そこで多数の書籍を遠隔地の巨大倉庫に集め、長期在庫のデメリットを、何でも揃うECというメリットに変えました。

[TOPIC 2] 元巨大赤字企業

Amazonは設備投資型産業であり、倉庫などの流通網整備や仕入れに、多額の積極投資を続けました。そのため長年にわたり大赤字の状態で経営を続け、最大1兆円の累積赤字に達しましたが、起業6年目で黒字転換した後は収益企業となりました。

関連用語 ▶▶ GAFA、GAFAM→p.034、AWS→p.143、ジェフ・ベゾス→p.314

第10章 企業と人物

297

271

Apple Inc.

我が道を行くハイテク企業
Apple（アップル）

POINT
- ▶ iPhoneの大ヒットで誰もが知る世界的IT企業へ
- ▶ Mac（マック）と呼ばれたパソコンの販売で一躍有名に
- ▶ パソコンキットの製造会社としてガレージ（車庫）で創業

解説 iPhoneの爆発的ヒットにより、今では誰もが知るIT企業です。Mac（マック）と呼ばれた個人向けのパソコンは、当時ライバルだったIBM製パソコンが太刀打ちできないグラフィックス機能を搭載し、熱狂的なファンを獲得しました。一時は業績不振に陥ったものの、iPod、iTunes、iPhone、iPad（▶1）などの斬新なヒット商品を出し続け、世界有数の売上を誇っています。

[TOPIC 1]
iTunes
Appleがコンピューターメーカーから大きく脱却する要因となったのが、iPodとその音楽配信ソフトのiTunesです。iTunesからのデジタル音楽の購入と楽曲管理は、単なる再生機だったそれまでの携帯音楽プレーヤーと一線を画す発想でした。

[TOPIC 2]
iOS
Appleが開発した、モバイル端末用OSの名前です。Appleはパソコンの時代から自前のOSを開発し、製品の独自性を維持する戦略をとりました。モバイル端末でもこの方針を採用し、Androidと一線を画した独自のマーケットを維持しています。

関連用語 ▶▶ GAFA、GAFAM→p.034、スティーブ・ジョブズ→p.313、AndroidとiOS→p.087

272 Meta (旧 Facebook)

Meta Platforms, Inc. (Facebook, Inc.)

世界最大のソーシャル・ネットワーキング企業

POINT
- 28億ユーザーが参加する世界最大のSNS
- 会員は実名登録が必要なので炎上しづらい
- 巨大なユーザー数を見込んだ広告がその収入源

解説 世界最大のSNSサービス企業です。2021年春の時点で、約28億人が参加しています。Facebookの会員は実名登録が必要なため、シェアされた情報の信頼度が高いといわれ、企業の宣伝広告にも利用されています。ハーバード大学のオンライン学生名簿として始めた後、会員枠を広げ急成長します。新事業方針から、2021年に社名をMeta(メタ)に変更しました。

[TOPIC 1]
ビジネスモデル
28億人の巨大ユーザーを持つMetaの収入源は、広告です。課金方法には、ユーザーが広告をクリックする回数で広告主に課金するPPC（Pay Per Click）と、ユーザーが広告を見た回数に応じて広告主に課金するインプレッション課金があります。

[TOPIC 2]
買収による拡大
Metaは、これまで約80社を買収し、事業を拡大してきました。これまでの代表的な買収案件には、ビデオ共有型SNSのInstagram、メッセージングアプリのWhatsApp、VRベンチャーのOculus VRなどがあります。

関連用語 ▶▶ GAFA、GAFAM ➡p.034、SNS➡p.151、マーク・ザッカーバーグ➡p.315 VR（仮想現実）➡p.046

273

Tesla, Inc.

世界第1位の量産電気自動車企業
Tesla（テスラ）

POINT
- ▶ 世界最大の純粋な電気自動車（EV）の製造販売会社
- ▶ 充電ネットワークや自動運転にも積極的に投資
- ▶ 現在はモデル3、モデルS、モデルX、モデルYをラインアップ

解説 純粋な電気自動車を製造販売する企業です。2003年に創業し2008年には初の量産車としてスポーツカーの販売を開始します。その斬新さと高性能から、未来型企業としてクローズアップされました。2020年には日本を含めた全世界ベースで50万台超を販売しました。Teslaの社名は、19世紀〜20世紀半ばに数々の電気技術を発明した、ニコラ・テスラに由来します。

[TOPIC 1]
充電ネットワーク
電気自動車は旅先でのバッテリー充電が問題ですが、Teslaは2012年からスーパーチャージャー・ネットワークを、2014年からデスティネーション・チャージング・ネットワークと呼ぶ充電場所を用意し、充電問題の対応を図っています。

[TOPIC 2]
自動運転
Teslaは自動運転を製品価値の一つの柱とし、現在はオートパイロット、近い将来に完全自動運転（FSD：Full Self-Driving）のサポートを計画しています。高い評価を受けている半面、ドライバーのシステムへの過信が原因とされる事故も発生しています。

関連用語 ▶▶ 自動運転→p.029、イーロン・マスク→p.324

274 パソコンOSの巨人 Microsoft

Microsoft Corporation

POINT
- ▶ 全世界の10億台以上のパソコンで使われるWindowsを開発
- ▶ ビジネスソフトのWord・Excel・PowerPointも世界中で普及
- ▶ ビル・ゲイツとポール・アレンが創業したベンチャーが始まり

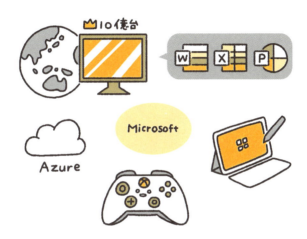

解説　ソフトウェアを開発販売する巨大IT企業です。主力製品のWindowsは、全世界の10億台以上で使われるパソコン用OSとして圧倒的なシェアを持ちます。またWord・Excel・PowerPointで知られる事務用ソフトのOfficeも、世界中で使われています。IBMが最初に発売したパソコン（IBM PC）のOS開発を請け負ったことで、今日の基盤を作りました。

[TOPIC 1]
ソフトウェア以外の事業
Microsoftは、ソフトウェア以外の事業も広く手掛けています。例としては、クラウド事業のMicrosoft Azure、テレビ電話ソフトのSkype、家庭用ゲーム機のXbox、Surfaceシリーズで呼ばれるノートパソコンやコンピューターなどがあります。

[TOPIC 2]
Microsoft対Apple
両社はかつてパソコン市場の覇権を争っていました。Windowsの画面はマックの模倣だとして、AppleがMicrosoftを訴えた話は有名です。7年に及ぶ裁判の結果はAppleの敗訴でしたが、ビル・ゲイツとスティーブ・ジョブズは親交を保ちました。

関連用語 ▶▶ OSとアプリケーションソフトウェア→p.086、Apple→p.298、IBM→p.309、スティーブ・ジョブズ→p.313、ビル・ゲイツ→p.312

275 Twitterを買収したメッセージングサービス
X（エックス）

POINT
- ▶ テスラやSpaceXを所有するイーロン・マスクがTwitterを買収
- ▶ Xは変革を意味し、現在はX Corp社が運営する
- ▶ メッセージングを超えた、多様なサービス基盤への変革を目指す

解説 Xは元Twitterの現在の名前です。実業家のイーロン・マスクは、Twitterを約6兆円で買収し、メッセージングに加え、支払い送金の金融サービスや、画像や動画の作成と共有など、多様なサービスを包含する基盤（プラットフォーム）にTwitterを変革する意味でXと命名しました。マスクは、XをロケットビジネスのSpaceXや後にペイパルとなるX.comなどで多用しています。

[TOPIC 1]
Xの意味
数式の中でXが未知の入力として使われますが、英語の文脈でも未知や革新的という意味合いや、DXのような変革の略称にも使われます。マスク自身が、Twitter買収の意義は、全てのアプリケーションの元となるXに作り直すことが買収の意義だと、コメントしています。

[TOPIC 2]
Twitter買収の理由
Twitterには、ツイートの表示順や非表示設定が恣意的だとの指摘があり、マスクはネットの言論の自由を守るため買収したとも説明しています。反面、マスクのコメントの優先や、批判的なメディアのアカウント停止など逆行的な行動が指摘されています。

関連用語 ▶▶ イーロン・マスク→p.324

276

人類に貢献する AI の開発を掲げる非営利企業
OpenAI
（オープンエーアイ）

POINT
- ▶ 誰でも無料で利用できる人工知能の ChatGPT を提供する非営利企業
- ▶ 画像、動画、プログラム、音声文字変換等、多くの AI 製品を提供
- ▶ 営利企業の OpenAI グローバル LLC も設立し、マイクロソフトも出資

解説 2015年設立の、ChatGPTを開発した非営利AI企業です。Chat GPTの他に画像生成（DALL-E）、動画生成（Sora）、プログラミングコード生成（Codex）、音声文字変換（Whisper）等の一連のAI製品や、コアとなるGPT-3/GPT-4を提供しています。2019年には営利のOpenAIグローバルLLCを設立し、マイクロソフトの出資とAzure上のスーパーコンピューター利用権を得ています。

[TOPIC 1]
設立者
サム・アルトマンが CEO として知られていますが、設立には実業家のイーロン・マスク（2018 年に離任）、グレッグ・ブロックマン、機械学習専門家のイリヤ・サツケバー、人口知能専門家のヴォイチェフ・ザレンバ、ジョン・シュルマンらが加わっています。

[TOPIC 2]
Y コンビネーター（Y Combinator）
YC と呼ぶ、スタートアップベンチャーに特化した投資会社です。DropBox や Airbnb などを成功させました。アルトマンは 2005 年に YC の創業者プログラムに参加し OpenAI 開業時に YC の支援を受け、アルトマン自身も 2014 年〜19 年に YC の社長に就任しています。

関連用語 ▶▶ LLM（大規模言語モデル）→p.201、ChatGPT、Microsoft copilot→p.216、機械学習→p.195、人工知能（AI）→p.194、画像生成AI→p.213、Sora→p.215、Microsoft→p.301、Microsoft Azure→p.144

277

Uber Technologies, Inc.

タクシー代わりに自家用車を配車するサービス
Uber（ウーバー）

POINT
- ▶ 自家用車をタクシー代わりに配車するマッチングアプリ
- ▶ 日本では白タク行為となるため普及には法律の壁がある
- ▶ コロナ禍で外食宅配の Uber Eats の利用が広がっている

解説 一般の自家用車をタクシーとして利用できる、配車サービスを行う企業です。遊ばせている自家用車を活用して収入を得たいドライバーと、タクシーより安く楽に移動したいユーザーを、アプリ上でマッチングします。屋外のネット環境が充実し、配車予約や乗車場所指定ができるようになり普及しました。また、人の移動に加えて料理の配達（▶1）も行っています。

[TOPIC 1]

Uber Eats

Uber が手掛けるフードデリバリーサービスのことで、日本ではこちらのほうが有名です。飲食店の注文配達の配達部分を請け負う形で、飲食店から配達の依頼があると、手を挙げた配達員が飲食店に料理をピックアップに行き、注文主に届けます。

[TOPIC 2]

日本での配車サービス

日本では、個人の旅客輸送は法律で規制されています。そこでサービス内容をアレンジし、タクシー会社と提携したタクシー配車サービスを一部地域で行っています。これに対して料理のデリバリーは規制がないので、Uber Eats の普及が進んでいます。

関連用語 ▶▶ シェアリングエコノミー→p.023

278

Alibaba Group Holding Limited

ECサイトから始まった中国最大の情報企業
Alibaba（阿里巴巴集団）
アリババ

POINT
- ▶ 中国最大の電子商取引企業
- ▶ 電子商取引以外にも自社技術をサービスとして提供
- ▶ 誰もが知っているアラビアンナイトのアリババを社名にした

解説 1999年に中国で創業した、電子商取引サイトのAlibaba.comを運営する企業グループです。Alibabaは、企業間取引（卸売り）・フリマに当たる個人間取引・オンライン小売市場に当たる商業モールの、3種類の電子商取引事業を展開しています。同時に、電子商取引に関わる電子決済・物流・クラウドサービスや、動画配信などのサービスも提供しています。

[TOPIC 1]
取引規模
Alibabaが毎年11月11日に行う「独身の日」キャンペーンでは、多くのユーザーが活発に買い物をします。2020年は、1日で8兆円近い取引に達しました。約5000億円といわれるAmazonの「ブラックフライデー」の売上を大きく上回ります。

[TOPIC 2]
社名の由来
創業者のジャック・マーがサンフランシスコの喫茶店で思いつき、ウェイトレスに「アリババを知っているか？」と尋ねました。即座に「開けゴマでしょ」と答えたことで、誰でも知っているAlibabaの社名を確信したと語っています。

関連用語 ▶▶ BAT →p.035

279

Baidu, Inc.

中国のGoogleと呼ばれる中国最大の検索エンジン
Baidu（百度(バイドゥ)）

POINT
- ▶ 中国一強といわれる最も利用されている検索エンジン
- ▶ 動画配信サービスも提供
- ▶ 自動運転やAIへの研究開発投資も活発に行っている

解説 中国最大の検索エンジンと、動画配信サービスなどを提供するIT企業です。中国語での検索を売りに利用者を伸ばし、2010年にGoogleが中国を撤退したことにより一強となります。音楽や動画に特化した検索で、中国国内に浸透しました。検索以外にも、子会社のiQIYI（アイチーイー／愛奇芸）による動画配信の提供や、自動運転やAIへの多額の研究投資も行っています。

[TOPIC 1]
一強の問題

Googleは中国政府によるネット規制への反発を理由に撤退しましたが、Baiduは政府の検閲を受け入れる形で事業を維持しています。また事実上の独占により、検索結果の不正操作や広告への誘導などの疑惑と批判も出ています。

[TOPIC 2]
広告枠オークション

Baiduは、検索のキーワードに関連して表示される広告枠をオークション形式で販売し、大きな利益を上げています。企業ユーザーがWeb上のオークションで広告枠を競り落とし、実際の表示位置は競り値の高さなどからBaiduが割り当てます。

関連用語 ▶▶ BAT→p.035

280 Tencent(腾讯)

Tencent Holdings Limited

ネットエンターテイメントの中国の巨人
Tencent(腾讯)
テンセント

POINT
- 中国最大のネットゲームやSNSのインターネットサービス企業
- SNSサービスのWeChatは12億ユーザーが利用
- 広告収入に頼らない有料サービスや金融で収益を上げる

解説 1998年に中国で創業した、ネットゲーム・SNS・音楽配信などのインターネット関連サービス企業です。Tencentが運営するWeChatと呼ぶSNSサービスは、2020年には12億人に利用されています。多くのSNSサービス企業が広告を主な収益源とするのに対し、Tencentは有料サービスや金融・投資事業など行い、他社とは異なる経営戦略を取っています(▶1)。

[TOPIC 1]
収益戦略
Tencentは、オンラインゲームの有料化で収益を大きく伸ばし、現在も大きな売上を占めています。またモバイル決済のWeChat Payや中国発オンラインバンクのWeBankといった金融事業や、投資事業などに収益先を広げています。

[TOPIC 2]
サービスの変遷
Tencentはサービスの種類を増やすことで成長しましたが、創業から2010年頃までは、うまくいった他社サービスの模倣だと批判されていました。現在は、B2CやB2Bの自社サービスインフラを成長させ、模倣路線からの脱皮を図っています。

関連用語 ▶▶ BAT→p.035

281

Nvidia Corporation

ディープラーニングで注目されるGPUの開発企業
NVIDIA（エヌビディア）

POINT
- ▶ AIの頭脳として注目されているGPUを開発する企業
- ▶ 元々は画像処理用のチップの開発と販売で成長
- ▶ 日米欧の自動車メーカーとも自動運転用チップを共同開発

解説 画像処理用の演算処理装置（GPU）を開発・販売する会社です。数万〜数百万といった非常に多くの画素に対し、一度に同じ処理を行う画像処理を効率的に行うのが、GPUです。元々はパソコン用画像処理ボードの会社でしたが、大量のデータを同時に処理できるGPUがディープラーニングに適していることから、AIや自動運転の分野から注目されています。

[TOPIC 1]

GPGPU（General Purpose GPU）

元々画像処理用として設計されたGPUを、ディープラーニングなどの高速演算処理向けとして機能を拡張したものをGPGPU（汎用目的GPU）と呼び、研究開発が進んでいます。

[TOPIC 2]

自動運転チップ

トヨタ自動車・Tesla・Volkswagenグループなど、日米欧の自動車メーカーと提携し、自動運転車のコンピューターに使うGPUの製品化を進めています。しかし、Teslaが自社で専用チップを開発するなど、激しい主導権争いが起こっています。

関連用語 ▶▶ 人工知能（AI）→p.194、ディープラーニング（深層学習）→p.196、自動運転→p.029、CPU→p.074、Tesla→p.300

282

International Business Machines Corporation

コンピューターの巨人から IT の巨人へ
IBM（アイビーエム）

POINT
- ▶ 企業向け IT システムと IT サービスを提供する国際企業
- ▶ タイプライターの製造販売のため 1911 年に創業した老舗
- ▶ 現在のパソコンの先祖となる IBM PC を 1981 年にリリース

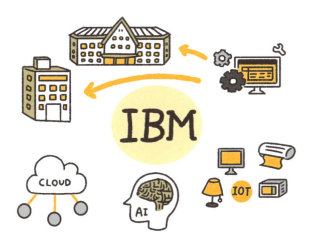

解説

企業や官公庁向け情報（IT）システムやITサービスを提供する国際企業です。オフィス用コンピューターでの大成功を通し、世界的テクノロジー企業として発展してきました。現在は"Think"をスローガンに、クラウド・AI・IoTなどのITシステムの提供と、それらのシステム・インテグレーション（SI）やアウトソーシングなどを主な事業としています。

[TOPIC 1]

ブルー

青字の社名ロゴを由来として、世界最大のコンピューター企業という意味でビッグブルーの名で呼ばれることがあります。1997年に世界チェスチャンピオンに勝利したIBM製のチェス専用のスーパーコンピューターは、ディープブルーという名前でした。

[TOPIC 2]

ワトソン（Watson）

IBM が開発した、人間の質問を理解し回答する AI の名前です。2011 年には、テレビのクイズ番組に出場し、クイズチャンピオンを破って優勝しました。このときに開発した AI に関連する多くの技術が、その後の製品に活用されています。

関連用語 ▶▶ 人工知能（AI）→p.194、IoT→p.147、アウトソーシング→p.122

第10章 企業と人物

309

283 Oracle Corporation

データベース・ソフトウェアの覇者
Oracle（オラクル）

POINT
- ▶ データベース用ソフトウェアで世界シェア第1位
- ▶ ソフトウェア企業としてもMicrosoftに次ぐ世界第2位の規模
- ▶ 最近は有力顧客から脱Oracleの動きもある

解説　リレーショナル・データベース管理システム（RDBMS）製品で、圧倒的な世界シェアを持つソフトウェアの会社です。1977年の創業後、数回の社名変更を経て1995年にOracleになりました。現在はクラウドやビジネスプロセス管理ソフトウェアなども手掛けています。2020年のソフトウェア企業ランキングでは、Microsoftに次ぐ世界第2位でした。

[TOPIC 1]
脱Oracle
大口顧客だったAmazonは、2019年に約7,500といわれる社内システムで使用していたOracleを全廃し、自社AWSのデータベースサービスに乗り換えました。Oracleとのクラウドビジネスの競合と、高額な保守料がその背景といわれます。

[TOPIC 2]
Java
プログラミング言語のJavaは、Oracleが買収したコンピューターメーカーのSun Microsystemsが開発し、無償で公開されていました。2019年からOracleによるサポートが有償化されたため、今後企業の商用利用に影響が出るかもしれません。

関連用語 ▶▶ データベース→p.119、Amazon→p.297、AWS→p.143、Microsoft→p.301

284 Intel Corporation

世界中のパソコンで動くCPUの開発企業
Intel（インテル）

POINT
- 1968年にシリコンバレーで創業した巨大CPUメーカー
- Windowsとともに"ウィンテル"と呼ばれ、一時は市場を独占
- 現在はAMD製CPUとのシェア競争が激しくなっている

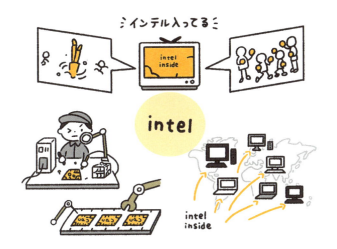

解説

マイクロプロセッサ（CPU）を開発製造する会社です。当初はDRAMなどの半導体メモリを製造していましたが、1970年代にプロセッサ事業にシフトしました。現在の主力製品はCore iと呼ばれるCPU製品で、世界中のパソコンメーカーに供給しています。1991年の「インテル入ってる」の広告で、一般のパソコンユーザーにも知られるようになりました。

[TOPIC 1]

ウィンテル（Wintel）

IntelはIBM PCとその互換機メーカーに、一手にCPUを供給して急成長しました。一時はApple以外のすべてのパソコンが、MicrosoftのWindowsとIntelのCPUを標準に採用したので、2社を合わせて"Wintel"と呼ばれ、市場を独占しました。

[TOPIC 2]

激しくなるCPU市場競争

Intel一強の時代が続きましたが、近年はIntel互換のCPUを開発製造してきたメーカーであるAMD（Advanced Micro Devices）の市場シェアが大幅に伸びました。2020年にはAMDがデスクトップ向けCPUでシェアを60%に伸ばし、市場競争が激しくなっています。

関連用語 ▶▶ CPU→p.074、Microsoft→p.301、Apple→p.298、ゴードン・ムーア→p.320

第10章 企業と人物

285

Bill Gates

Microsoftを生んだハーバード中退プログラマー

ビル・ゲイツ

POINT
- ▶ Windowsを作ったMicrosoftの創業者
- ▶ ハーバード大学を中退してソフトウェアベンチャーを起業
- ▶ IBMからPC用OS開発を請け負ったことが成功の第一歩

Microsoftの創業者

解説 Microsoftの創業者です。ハーバード大学在学中に開発したプログラムが成功し、1974年には大学を休学して友人のポール・アレンとMicrosoftを創業します。会社はWindows OSの成功で不動の地位を築きました。技術者肌のゲイツは、経営者でありながらプログラマーとして現場に立ち入り、1989年まで製品用のプログラムを書いていたといわれます。

[TOPIC 1]
マネージメントスタイル
ゲイツは社員の意見に耳を傾けるタイプといわれていますが、その半面、非常に短気だったともいわれます。役職者やプログラムマネジャーの提案に対し、納得できるまで攻撃的な物言いで容赦なく攻め立てた、という逸話が残っています。

[TOPIC 2]
Microsoftを去った後の活動
2000年にCEO職をスティーブ・バルマーに譲った後、私財を投じてビル＆メリンダ・ゲイツ基金を創設し、世界的な貧困や医療問題の解決を支援する社会貢献活動に注力しています。それについてゲイツは、ロックフェラー財団の影響と語っています。

関連用語 ▶▶ Microsoft→p.301

286 スティーブ・ジョブズ

先を行く発想で世界を変えた Apple 創業者

POINT
- ▶ iPhone を世に出した Apple の創業者
- ▶ エンジニアではなかったが技術の価値を見抜いた天才
- ▶ 「満足するな、他人の常識にしばられるな」を人生で貫いた

Apple の創業者

解説

Apple の創業者です。彼が興味を持ったのはコンピューター技術そのものではなく、コンピューターが持つ、人々の生活を変える潜在力でした。ジョブズは、パソコンの Macintosh・iMac と Mac OS、携帯音楽プレーヤーの iPod、スマートフォンの iPhone、タブレットの iPad など、数々のヒット商品を世に送り出しましたが、2011 年 10 月にがんで亡くなりました。

[TOPIC 1] 電話をもう一度発明する

ジョブズがそう宣言して作ったのが、iPhone です。ジョブズは、小型コンピューター (iPod)、携帯電話、インターネット接続機能などの既存技術を iPhone に統合し、人々がこれまで想像しなかった便利な道具を「発明」したといわれています。

[TOPIC 2] 名スピーチ

2005 年、ジョブズがスタンフォード大学の卒業式で行ったスピーチの締め括りに引用した Stay Hungry. Stay Foolish.(ハングリーであれ。愚か者であれ。)という言葉は、彼の人生に対する考えを端的に表わしているといわれます。

関連用語 ▶▶ Apple → p.298

287

Jeff Bezos

冷静な分析を元にネット書店を開いた Amazon 創業者

ジェフ・ベゾス

POINT
- ▶ 世界中の物を売っている Amazon の創業者
- ▶ 本が通販にベストな商品と見抜き、ネット書店を始める
- ▶ 毎日、初日の気持ちで意思決定するのがベゾスの哲学

Amazonの創業者

解説　世界的EC企業Amazonの創業者です。Amazonを始めるに当たり、ECの商品として有望な20品目のリストを作り、最終的に本を商品に選択したといわれます。英語だけで150万冊ある世界中の本を扱う実書店は存在しないことや、本には服のように色やサイズがなく、さらに長期保管できる特徴が、地方に巨大倉庫を作り、在庫を販売するECに向くことを見抜きました。

[TOPIC 1]
金融業界から EC 業界へ

ベゾスは、1986 年にプリンストン大学のコンピューターサイエンス学部を卒業した後、金融業界に入ります。Amazon 創業のため、1994 年にニューヨークの金融企業を退職するとシアトルに移住し、その年の 7 月に Amazon を創業しました。

[TOPIC 2]
リーダーシップスタイル

「Day1 philosophy（初日の哲学）」が、ベゾスの信条です。ビジネスの初日（Day1）に重要なのはプロセス（やり方）よりも結果であり、プロセスが持ち込まれる Day2 が来るのを避けるため、常に Day1 の気持ちでの意思決定が重要だと語っています。

関連用語 ▶▶ Amazon→p.297

288 大学で始めた Facebook が大ヒット
マーク・ザッカーバーグ

Mark Zuckerberg

POINT
- ▶ ハーバード大学在学中に始めた Facebook（現 Meta）の創業者
- ▶ Facebook に専念するため大学を中退
- ▶ プログラミングの天才なだけでなくマルチタレントだった

Facebookの創業者

解説　Facebook（現Meta）の創業者で、現在も同社のCEO（最高経営責任者）です。ハーバード大学に在学中の2004年に、ザッカーバーグがプログラミングを担当し、大学のルームメイトとハーバード大学の学生同士の交流サイトを作ります。これがFacebookの始まりです。Facebookを立ち上げると大学を休学し、1年後にはFacebookに専念するため中退しました。

[TOPIC 1]
FaceMash
マークがハーバード大学の学生時代に作った、オンライン女子学生美人コンテストのWebサイトです。公開4時間で2万を超えるページビューになりましたが、女子学生の写真を無断で使用したとして、大学当局に即時閉鎖されました。

[TOPIC 2]
少年時代
中学生時代にプログラミングを始め、マークが作ったテレビゲームで彼の友達が遊んでいたといわれます。しかし、コンピューター一辺倒のオタクではなく、ギリシャ古典を好みフェンシング部の部長を務めるなど、マルチタレントだったようです。

関連用語 ▶▶ Meta（旧 Facebook）→p.299

289

Sergey Brin

ソ連生まれの、Googleを作った数学の天才

セルゲイ・ブリン

POINT
- ▶ Googleの共同創業者で、検索理論を数学的に解析し実装した
- ▶ スタンフォード大学の博士課程でGoogleのアイデアを思いつく
- ▶ 父は大学の数学科教授、母はNASAの研究員の研究者一家で育つ

Googleの共同創業者であり数学の天才

解説　ラリー・ペイジとともに始めたGoogleの共同創業者です。1973年にソビエト連邦（現ロシア）で生まれ、幼少時に両親とともにアメリカに移住しました。メリーランド大学で数学を学んだ後、19歳でスタンフォード大学の計算機科学科の博士課程に進みペイジと出会います。ブリンは数学の天才といわれ、ペイジのグラフ理論を数学的に解き、実装しました。

[TOPIC 1]
モットー
ブリンは、「知識があるのは良いことだし、無知であるより間違いなく常に良いことだ」との考えから、「世界中の情報を整理し、世界中の人がアクセスできて使えるようにする」を、Googleの社是としました。

[TOPIC 2]
両親の影響
アメリカに移住後、父はメリーランド大学の数学科の教授、母はNASAのゴダード宇宙飛行センターの研究者として働いていました。父はセルゲイが小学生のときから数学の勉強を勧め、家庭でも高度な数学教育を行っていたといわれます。

関連用語 ▶▶ Google→p.296、ラリー・ペイジ→p.317

290

Larry Page

ミシガン育ちのGoogle検索エンジンの発明者
ラリー・ペイジ

POINT
- Googleの共同創業者で、検索のためのグラフ理論を提唱した
- 1998年にブリンと発表した検索に関する論文で一躍注目を浴びる
- 父は計算機学科教授、母はプログラミング教師の理系一家で育つ

Googleの共同創業者であり
検索エンジンの親

解説 セルゲイ・ブリンとともに始めたGoogleの共同創業者です。1973年にアメリカのミシガン州に生まれ、ミシガン大学で計算機工学を学んだ後、スタンフォード大学の計算機科学の博士課程に進みブリンと出会います。在学中にWWW（World Wide Web）のつながりを巨大なグラフと考える解析法を着想し、ブリンも参加した研究プロジェクトで検索エンジンの元を創出しました。

[TOPIC 1]
検索エンジン論文
ペイジとブリンは共著で、「大規模ハイパーテキスト型Web検索エンジンの分析」という研究論文を1998年に発表します。発表当時、インターネット関連で最も多くダウンロードされた科学論文だといわれています。

[TOPIC 2]
両親の影響
父はミシガン州立大学の計算機科学の教授で、母も同じくミシガン州立大学のライマン・ブリッグス・カレッジでプログラミングを教えていました。家中にポピュラーサイエンス誌や科学技術雑誌が散らばっていた、と語っています。

関連用語 ▶▶ Google→p.296、セルゲイ・ブリン→p.316、HTMLとXMLとCSS→p.297

291

John von Neumann

現代コンピューターの父といわれる天才数学者
フォン・ノイマン

POINT
- ノイマン型と呼ばれる今日のコンピューターの基礎理論を作る
- 世界初の実用型コンピューター ENIAC（エニアック）の開発にも関わる
- 原爆の開発では核爆発効果の研究者として参加した

現代コンピューターの父

解説 今日の計算機理論を確立した、ハンガリー生まれの数学者・物理学者です。幼少から才能を認められ、1933年にプリンストン高等研究所に入所します。第二次世界大戦中に参加した初の実用コンピューターの成果は、ノイマン型コンピューター（▶1）として今日のコンピューターに引き継がれています。彼の業績は原子爆弾（▶2）、ゲーム理論など多岐にわたります。

[TOPIC 1]
ノイマン型コンピューター
ノイマン型は、コンピューターの中のメモリにプログラム（ソフトウェア）とデータを保存するプログラム蓄積方式と、プログラムの中身を順番に処理する逐次処理を特徴とします。現代のコンピューターも、この2つの特徴を引き継いでいます。

[TOPIC 2]
マンハッタン計画
アメリカの原子爆弾開発計画です。ノイマンはこの計画の中の核爆発効果の研究で、多大な貢献をしました。原爆の非人道性に対し、「科学者の仕事は科学を突き詰めること」であり「我々が今生きている世界に責任を持つ必要はない」と言っています。

関連用語 ▶▶ なし

292

Alan Turing

世界大戦の終結を早めた天才数学者
アラン・チューリング

POINT
- ▶ 計算メカニズムを研究した天才数学者
- ▶ ドイツ軍の暗号を解読する計算機を作り1400万人を救った
- ▶ チューリングは人工知能の研究も行っていた

コンピューターと人工知能の父

解説 第二次世界大戦中、解読不可能といわれたドイツ軍の「エニグマ」暗号の解読に成功した、イギリスの数学者です。ケンブリッジ大学で数学を学び、アメリカで数学博士号を取得した後、帰国すると極秘の暗号解読任務に従事します。Bombe（ボンブ）と呼ぶ暗号解読機の開発に成功したことで、第二次世界大戦の終結を2年早め1400万人を救ったと評価されています。

[TOPIC 1]
チューリング完全
チューリングは計算可能性というテーマで、計算メカニズムの研究を行っていました。このときに考え出したのがチューリング完全と呼ぶ計算モデルで、コンピューターが現れる10年前に、既にノイマン型と等価な計算機理論を思いついていました。

[TOPIC 2]
チューリングテスト
チューリングは、人工知能の研究も手掛けています。機械が人間のように振る舞えるかどうかを調べるテストのことを、チューリングテストと呼びます。質問に対する答えが人間と区別できなければその機械には知性がある、と判定する方法です。

関連用語 ▶▶ フォン・ノイマン➡p.318、人工知能（AI）➡p.194

293 Gordon Moore

ムーアの法則で知られる Intel の共同創業者
ゴードン・ムーア

POINT
- ▶ CPU で有名な Intel の共同創業者
- ▶ 半導体と集積回路の産業化に貢献
- ▶ 「半導体の集積度は 2 年で 2 倍」のムーアの法則で有名

Intelの共同創業者

解説 パソコンのCPUで有名な、Intelの共同創業者です。1950年にカリフォルニア工科大学を卒業後、トランジスタを発明したウィリアム・ショックレーの研究所に入所します。そこで出会った同僚8名とFairchildという半導体メーカーを起業し、後にロバート・ノートン・ノイス（▶1）とIntelを創業します。その名前は、集積回路の集積度が2年で2倍になるムーアの法則で有名です。

[TOPIC 1]

ロバート・ノートン・ノイス

ノイスは、Fairchild 在職時に今日の LSI の基礎となる、集積回路（IC）の特許を取得しています。彼には、シリコンバレーを半導体産業の集積地にした貢献から、「シリコンバレー市長（the mayor of Silicon Valley）」のあだ名があります。

[TOPIC 2]

ムーアの法則

集積度は、同じ面積の中に入る半導体の数のことです。ムーアは彼自身の経験を元に、集積度が2年で2倍になる法則を提唱し、性能の向上とコストの低下を予測しました。集積度が上がりすぎた今日では、その限界も近いといわれます。

関連用語 ▶▶ Intel→p.311、ムーアの法則→p.077

294

Alan Curtis Kay

パーソナルコンピューターの父
アラン・ケイ

POINT
- ▶ 現在のパソコンの基本を作ったコンピューター科学者
- ▶ 今では当たり前の、画面の図や絵をマウス操作する GUI を開発した
- ▶ Apple のスティーブ・ジョブズやその製品に大きな影響を与えた

パーソナルコンピューターの父

解説 個人用コンピューターのアイデアや現在のパソコン操作の基本を作った功績で知られる、コンピューター科学者です。今日のコンピューターで当たり前となっているグラフィカル・ユーザー・インターフェース（GUI）やオブジェクト指向プログラミングは、彼がXeroxのパロアルト研究所で開発したものです。Appleのジョブズも、ケイの仕事に大きな影響を受けました。

[TOPIC 1]
ダイナブック
ケイは、パロアルト研究所在職中に現在のノートパソコンの概念を持つ教育用のパーソナルコンピューターを提唱し、ダイナブック（Dynabook）と名づけました。東芝がダイナブックの日本の商標権を獲得し、ノートパソコンの名前で知られるようになります。

[TOPIC 2]
未来は発明するもの
ケイには、「未来を予測する一番の方法は、それを発明することだ」という有名な言葉があります。私たちはやってくる未来を待つだけではなく、自然法則に反しないかぎり欲する技術を実現し、未来を決められる、という意味だと語っています。

関連用語 ▶▶ スティーブ・ジョブズ⇒p.313、Apple⇒p.298、オブジェクト指向⇒p.117

第10章 企業と人物

295　　　　　　　　　　　　　　　　　　　　　Tim Berners-Lee

世界初のWebサイトを作ったウェブの生みの親
ティム・バーナーズ・リー

POINT
- WWW（World Wide Web）を発明した技術者
- 世界初のWebサイトを開設し、今日の礎を築く
- WWW生誕30周年では、現在のインターネットの在り方に懸念も表明

解説　ワールド・ワイド・ウェブ（WWW：World Wide Web）の発明で知られる、コンピューター科学者です。オックスフォード大学で学んだ後、電話会社を経て欧州原子核研究機構（CERN）に勤務します。研究機関の科学者の情報共有のために、インターネット上に散らばる研究資料をクモの巣のように結びつけるWWWを開発し、現在のインターネット発展の礎を築きました。

[TOPIC 1]
世界初のWWW
CERN在職中のリーは、多数の論文や研究文書を1つの大きな仮想の書類の一部として扱う仕組みを考え、ハイパーテキストやURLなど、今日のWebの基本を発明しています。そのとき開設したinfo.cern.chは、世界初のWebサイトです。

[TOPIC 2]
WWW生誕30周年
2019年のWWW生誕30周年にあたり、彼は、近年インターネットで横行する犯罪・虚偽・広告ビジネスなどネットの機能不全に対し、政府・企業・ユーザーがWebを「公平、機会、創造性」の場とするよう、書簡を公表しています。

関連用語　▶▶　WWWとHTTPとHTTPS→p.246、HTMLとXMLとCSS→p.247、URL→p.241

296　　　　　　　　　　　　　　　　　　　　　Vinton Gray Cerf

Googleの伝道師になった、TCP/IPの生みの親
ヴィントン・サーフ

POINT
- ▶ インターネットの通信制御に必須のTCP/IPを開発した技術者
- ▶ Googleに入社しエバンジェリスト（伝道師）の名のアドバイザーに
- ▶ インターネットの父のニックネームで呼ばれることも

インターネットの父

解説　インターネットの通信制御に不可欠なTCP/IPを開発した、アメリカの技術者です。「インターネットの父」とも呼ばれます。サーフはアメリカ国防高等研究計画局の在職中に、「開かれたネットワーク」を実現する通信規約として、TCP/IPの仕様を設計しました。TCP/IPのおかげで、パソコンのハードウェアや端末に依存せずインターネット上で通信できます。

[TOPIC 1]

ISOC（インターネットソサエティ）

サーフは「インターネットを全員に」をビジョンとする、開かれたインターネットの実現を目指すNPO組織のISOCを設立します。インターネットの規格を決めるインターネット技術特別調査委員会（IETF）は、ISOCの活動の一つです。

[TOPIC 2]

Googleの伝道師

2005年、サーフはGoogleに副社長兼チーフ・インターネット・エバンジェリスト（伝道師）として入社し、業界を驚かせます。技術アドバイザーとして、Googleの技術開発の方向性への助言を行っています。

関連用語 ▶▶ インターネットとイントラネット→p.230、TCPとUDP→p.237、
　　　　　　　IP→p.228、プロトコル→p.236、Google→p.296

第10章　企業と人物

323

297

Elon Reeve Musk

毀誉褒貶の激しいテスラとスペースXの経営者

イーロン・マスク

POINT
- ▶ X、テスラ、SpaceXを経営する実業家
- ▶ 現状打破の考えとその行動には賛否両論がある
- ▶ アメリカ大統領選ではトランプ支持への買収まがいの活動で物議

根っからの実業家

解説 X、テスラ、宇宙船開発のSpaceXのCEOを務める実業家です。アメリカのペンシルベニア大学で経済学と物理学を学びます。在学時から起業家として活躍し、多くの企業を成功させます。メディアの露出に比例し、Xでの差別的発言や自己中心的な価値観による行動も目立つようになり、批判が起きています（▶②）。

[TOPIC 1]

DOGE（政府効率化省）

トランプは大統領選で、政府の規制を撤廃し関連政府機関の縮小による財政削減を推進するためにDOGEの新設を訴え、マスクをトップに指名しました。議員でもない立場での大幅な連邦予算カットや職員リストラについて、疑問の声が出ました。

[TOPIC 2]

Xからの離反

Xは言論の自由優先を主張し、Twitterの差別発言や虚偽情報の監視を大幅に縮小します。これを懸念した、国連、EU、英・独・カナダ政府や、ニューヨークタイムズ、BBCなどのメディア、VW、コカ・コーラなどの企業が使用や広告を制限します。

関連用語 ▶▶ Tesla→p.306、X→p.302

298

Linus Benedict Torvalds

オープンソースOS、Linuxの開発者
リーナス・トーバルズ

POINT
- ▶ 誰もが使えるオープンソースOSのLinuxを開発した大学生
- ▶ 家電やパソコンからサーバーやスーパーコンピューターまで普及
- ▶ LinuxはAndroidやChromeなどのベースとしても広く使われている

Linuxの開発者

解説 全世界で使われている、オープンソースOSのLinux（リナックス）を開発した、フィンランド生まれのアメリカのソフトウェアエンジニアです。トーバルズはヘルシンキ大学の学生時代、MINIXという、機能が簡略化され教育利用に限定されたUNIX（＝OSの一種）を使っていました。OSに興味を持っていたトーバルズは、彼自身が使うためMINIXを書き換え、Linuxを開発します。

[TOPIC 1]
Linuxの幅広い用途
Linuxは、それ自体がWindowsやmacOSのようにOSとして利用されると同時に、AndroidやChrome OSといった他のOSのベースにもなっています。ゲーム機や家電にLinuxが組み込まれていることも多く、実は身近な存在です。

[TOPIC 2]
リナックス・ファウンデーション
世界中のボランティアが、Linuxの機能追加や改善を行っていますが、リナックス・ファウンデーションはそれらの活動の中核となる団体です。新たなLinuxコードの最終決定権者をトーバルズとし、Linuxの中立性の維持のために運営されています。

関連用語 ▶▶ AndroidとiOS→p.087、オープンシステム→p.172、OSとアプリケーションソフトウェア→p.086

299

Sam Altman

AIの発展を主導したテクノロジー起業家
サム・アルトマン

POINT
- ▶ OpenAI社の共同創業者であり、現在CEOを務める
- ▶ 8歳からアップルコンピューターでプログラミングを始める
- ▶ AIの人類への貢献と共に、社会にとっての安全な利用を訴える

OpenAI

解説 OpenAIの現CEOであり創業者の一人です。アメリカ、シカゴで生まれ、8才の時にアップルコンピューターを手にすると、プログラミングを学び始めます。その後スタンフォードに入学しますが、共同で設立したベンチャー企業（▶1）に専念するため大学を2年で退学します。AIが世界の課題解決に役立つとの信念から、安全で倫理的なAIの開発と利用を訴えています。

[TOPIC 1]
ベンチャー企業
スタンフォード在学中の2005年に、位置情報を友人と共有し互いの居場所がわかるLooptというアプリを開発する会社を起業します。当時は位置情報を利用する発想が画期的で、Looptは約30億円の投資を集めますが軌道に乗らず、2012年に金融企業に売却されました。

[TOPIC 2]
OpenAIのCEO退任と復帰
サムと取締役会はOpenAIの営利化やAIの安全性などで対立し、2023年にはサムの退任が決議されます。これに対し、即座に投資家の反対が起こると共に、多くの従業員が取締役会の辞任を求める書簡に署名します。この結果、解任後107時間でCEOに復帰しました。

関連用語 ▶▶ 人工知能（AI）→ p.194、OpenAI → p.303

300 天才と呼ばれた日本コンピューター産業の父
池田敏雄（いけだとしお）

Toshio Ikeda

POINT
- ▶ 独自のアイデアで日本のコンピューター産業を切り開いた
- ▶ コンピューターの巨人 IBM とも互換機路線で勝負する
- ▶ 型破りな社員だったが周囲の理解で IBM を凌ぐ製品を実現

FACOM 100

解説 1950年代のコンピューター黎明期に、独自のアイデアで純国産コンピューターを開発したエンジニアです。終戦翌年に現東京科学大学を卒業し現在の富士通に入社します。1956年のリレー式（▶1）、1961年のトランジスタ式コンピューターの開発後、IBM互換機開発に舵を切ります。1974年、ベストセラー機FACOM M-190リリースの1週間前に、過労により51才で他界しました。

[TOPIC 1]
湯川秀樹も称賛
日本初のリレー式計算機開発時の 1954 年、後にノーベル賞授賞理由となる中間子理論の解析で問題を抱えていた湯川秀樹博士が、池田を尋ねて来ます。湯川はその計算結果に満足し、「人手では 2 年かかる多重積分を 3 日で解いた」と称賛しました。

[TOPIC 2]
問題社員
池田は研究に没頭すると出社せず自宅で考え続けるタイプで、今ならリモートワークでも、当時は問題児と見られていました。天才を認めた周囲の助力で、会社も出社日数で決まる給与の大幅カットを救済する等、問題社員を伸ばす支援をしました。

関連用語 ▶▶ IBM → p.309

おわりに

　これからの社会で、コンピューターやAI、ソフトウェア、インターネットなどのIT/ICT技術を避けて生きていくことは、もはや誰にとっても不可能だと言える状況です。

　21世紀に入りIT技術が加速度的に進化したのと同様に、IT用語も文字どおり10年ひと昔の感覚で発生・消滅し、その意味も変化し続けています。それだけ敏感に世界のダイナミックな変化を、科学技術の側面から映し出しているのだと思います。本書に収録した言葉をはじめ、さまざまな側面からIT用語を知ることは、そのような片時も休まない技術と、それらの技術が作る社会の進歩に振り回されず、置き去りにされないための、大きな助けになることは間違いありません。

　ところで、本書で最も苦労したのは字数です。高度に技術的な用語から、使われる場面によりニュアンスが変わるマーケティング的な用語まで、そのすべてを計400字程度で説明するのは、想像以上に大変な作業でした。その代わり、文字として残った言葉は、用語の本質的な部分により近づけたのではないかと思います。

　読者のみなさんに、本書をITのエッセンスを凝縮した入門書として活用してもらえることが、著者として何よりの喜びです。

　最後になりましたが、本書をご担当いただき数えきれないアドバイスを頂戴したSBクリエイティブの友保健太様、國友野原様、イラストをご担当いただいためんたらこ様、そして第二版をご担当頂いた荻原尚人様、そして岡本晋吾編集長他大勢の方々のご助力に心からお礼を申し上げます。

草野俊彦

索引

数字

10 進数	104
16 進数	104
2D	31
2 進数	103
3D	31
3D プリンター	135
5G	19
8 ビット	102

A

A/B テスト	184
Adobe	33
Adobe Firefly	213
AI 拡張型開発	210
AI 社会原則	204
AI 倫理	204
Alibaba	305
Amazon	297
Amazon Bedrock	214
Android	87
ANSI X12	168
API	116
AR	47
AR ゴーグル	40
Avatar	37
AWS	143

B

B2B	68
B2C	68
Baidu	306
BAT	35
Bcc	245
BI	177
BIOS	85
BPM	72
BPO	122
BPR	72
BTO（Build To Order）	170
BYOD（Bring Your Own Device）	179

C

C2B	68
C2C	68
C2PA	214
Cc	245
CC0（CC ゼロ）	189
CDN	232
CDO	21
Chat GPT	216
CINO	70
CIO	70
cmd.exe	109
CMS	181
co.jp	240
cookie	248

CoT プロンプティング	208
CPU	74
CSS	247
CTR	183
CVR（コンバージョンレート）	185
C 言語	112

D

DaaS	145
DBMS	119
DDoS 攻撃	283
DevOps	129
Diffusion model	212
dir	109
Discord	39
DisplayPort	99
DLP	255
DMZ	259
DNS	240
DoS 攻撃	283
Douyin	152
DRAM	92
DX	20
DX 推進ガイドライン	20

E

e SIM（イーシム）	157
e スポーツ	31
Earned Media	190
Easy Connect	228
EC	180
EDI	168

EdTech	63
ETSI	234

F

Facebook	299
FIFO	80
FPS（First Person Shooting）	31

G

GAFA	34
GAFAM	34
Game James	39
GAN	212
GDPR	169
Generative adversarial network	212
GIGA スクール	26
Git	124
GitHub	124
GitLab	124
Google	296
GPGPU（General Purpose GPU）	308
GPS	54
GPU	74

H

HDD	93
HDMI	99
High Definition TV	97
HMD	46
HR テック	61
HTML	247

HTTP	24, 145
HTTPcookie	248
HTTPS	246
HTTPセッション管理	220

I

IaaS	67
IBM	309
ICT	49
IDS	276
IMAP	244
iMessage	153
Innovation	70
Intel	311
iOS	87
IoT	147
IP	238
IPアドレス	239
IPA	192
IPS	276
IPv4	242
IPv6	242
ISMS	254
ISO 27001	254
ITパスポート試験	192
Itch.io	39
iTunes	298

J

Java	11, 310
JavaScript	113
JIS	188

K

Kindle Unlimited	33

L

LAN	231
LiDAR	52
LIFO	80
LLM	201
LPO（ランディングページ最適化）	185
LSI	77

M

M2M	148
MaaS	28
MACアドレス	224
Meta	299
Microsoft	301
Microsoft Azure	144
Microsoft Copilot	216
Midjourney	213
MMS	153
MOOC s	24
MR	48
MVNO	158

N

NAS	95
NFV	234
NLP	200
No More Ransom	292
NSF	25

331

NVIDIA 308

O

O2O マーケティング 191
Oculus VR 299
OER 65
OGP 249
OpenAI 303
OpenAI グローバル LLC 303
Oracle 310
OS 86

P

P2P 250
PaaS 145
Paid Media 190
Patch 115
PDCA 166
Perl 113
PIN コード 228
PoC 133
POP 244
PoV 133
PPPoE セッション 220
PV（ページビュー） 185
Python 112

R

RAG 207
RAID 94
RAID0 94

RAID1 94
RAID1 と RAID0 の組み合わせ 94
RAID10 94
RAID5 94
RAM 92
RAS 174
RAT 280
Reddit 39
RFID 136
RGB 98
Robotic 22
ROM 92
RPA 22
RSS 155
RSS ファイル 155
RSS リーダー 155
Ruby 113

S

SaaS 145
SCM 71
SEO 182
SEO 対策 251
SIM フリー 157
SIM ロック 157
SMS 153
SMTP 244
SNS 151
Sora 217
SPAM 282
Spatial Computing 47
SQL 119
SQL インジェクション 285

SRAM	92
SSD	93
SSID	229
SSL/TLS	246
Stable diffusion	213
STEAM 教育	25
Sub6	19

T

TCP	237
Tencent	307
Tesla	300
TikTok	152
To	245
TPS（Third Person Shooting）	31
Type-C	96

U

Uber	304
Uber Eats	304
UDP	237
UEFI	85
UI（ユーザーインターフェース）	186
Ultra Wide Band	43
UN/EDIFACT	168
UNIX オペレーティングシステム	172
URL	241
USB	96
UX デザイン	187
UX（ユーザーエクスペリエンス）	186
UX 測定	186

V

VAE	212
Variational Autoencoder	212
VDI（Virtual Desktop Infrastructure）	175
VLAN	235
VLAN ID	235
VLM	212
VoIP	243
VPN	174
VR	46
VRChat	37
VR ゴーグル	40
Vtuber	30
VXLAN	235

W

WAN	231
Web API	116
Web アクセシビリティ	188
Web クライアント	173
Web カメラ	150
WEP	227
Wi-Fi	226
Wi-Fi ルーター	223
Windows Defender	258
Windows OS	312
WordPress	181
WPA	227
WPA2	227
WPA3	227
WPS	228
WWW	246

X

X 302
XML 247
XR（eXtended Reality）......... 48

Y

Y コンビネーター（Y Combinator）... 303
YouTuber 30

あ

アーンドメディア 190
アウトソーシング 122
アクセスログ 130
アクティブ方式 136
アグリテック 59
アサイン 218
アジェンダ 218
アジャイル 127
アダプティブ・ラーニング ... 64
アテンション 201
アドイン 115
アドオン 115
アノテーション 211
アノマリ（Anomaly）型 276
アバター 37
アフィリエイト 68
アプライアンス 222
アプリケーションソフトウェア ... 86
アラン・ケイ 321
アラン・チューリング 319
アルゴリズム 106

あ（右段）

アルファベット（Alphabet）社 296
暗号解析 36
暗号資産 17

い

イーサネット 231
イーロン・マスク 324
域外適用 169
池田敏雄 327
イテレーション 127
イノベーション 70
医療テック 62
色の三原色 98
色の数値表現 98
インスタンス 117
インストール情報 125
インターネット 230
インターネットバンキング ... 56
インタプリタ 108
インディーゲーム 39
イントラネット 230
インフラストラクチャ・アズ・ア・
サービス 67
インフルエンサー 32
インプレゾンビ 41

う

ウイルス対策 264
ヴィントン・サーフ 323
ウェアラブル 134

え

エアタグ	43
液晶	100
エッジコンピューティング	146
閲覧数稼ぎ	41
エビデンス	218
エラーログ	130
遠隔操作ツール	280

お

欧州電気通信標準化機構	234
オウンドメディア	190
オークションサイト	68
オープン・エデュケーション	65
オープン・コンテンツ	65
オープン・テクノロジー	65
オープン・ナレッジ	65
オープンイノベーション	69
オープンシステム	172
オープンソース・ソフトウェア	111
オブジェクト指向	117
オフショア	121
オムニチャネル	191
オリンピックゲームズ	30
音声チャット	243
オンデマンド	28
オンプレミス	140
オンライン授業	26
オンラインショッピング	248
オンラインストレージ	141

か

カープール	51
カイゼン	166
拡散モデル	212
拡張現実	47
拡張子	88
仮想現実	46
画像生成 AI	213
仮想通貨	17
かつ	105
可用性	132
完全性	272
かんばん	70

き

キーレスエントリー	43
記憶装置	91
機械学習	195
キッティング	170
機密情報	255
機密性	272
キャッシュ	79
ギャランティード	221
キュー	80
教育テック	63
供給連鎖管理	71
教師あり学習	195
教師なし学習	195
共通暗号方式	261
共通鍵	261
京都議定書	50
金融機関	18

く

空間コンピューティング ……… 47
口コミレビュー ……………… 186
クライアント / サーバーシステム
（C/S システム）…………… 171
クラウド …………………… 138
クラウドファンディング …… 55
クラス ……………………… 117
クラッカー ………………… 271
クラッキング ……………… 278
グラフィックス・プロセッシング・
ユニット …………………… 74
グリーン IT ………………… 50
クリエイティブ・コモンズ … 189
クリティカルシンキング …… 25
車相乗り …………………… 23
クローラー ………………… 251
クロスチャネル …………… 191
クロック …………………… 75

け

ゲーミフィケーション ……… 58
月額使用料制 ……………… 33
検索アルゴリズム ………… 182
検索エンジン ……………… 182
検索キーワード …………… 182

こ

コア ………………………… 75
公開暗号方式 ……………… 261
構造化クエリー言語 ……… 119

購買行動 …………………… 185
ゴードン・ムーア ………… 320
コーポレートガバナンス …… 167
国際標準化機構（ISO）…… 160
国立科学財団 ……………… 25
個人認証 …………………… 56
コネクション ……………… 220
コピーレフト（Copyleft）… 189
コマンドプロンプト ……… 109
コミット …………………… 218
コミュニティ ……………… 39
コンバージョン …………… 185
コンパイラ ………………… 108
コンピューター・グラフィックス … 46
コンピューティング ……… 25

さ

サーバーの仮想化 ………… 139
最高革新責任者 …………… 70
最高情報責任者 …………… 70
最高デジタル責任者 ……… 21
サイトブロッキング ……… 291
サイバー攻撃 ……………… 273
サイバーセキュリティ …… 273
サイバーテロリズム
（サイバーテロ）………… 273
サイバーレジリエンス …… 277
サブスクリプション ……… 33
サプライチェーン・マネジメント … 71
サプライチェーン・マネジメント … 71
サム・アルトマン ………… 326

し

シェアリング・エコノミー	23
ジェネレーティブ AI	203
ジェフ・ベゾス	314
シグネチャ（Signature）型	27, 260
システム設計	218
事前確定運賃	28
自然言語処理	200
自動運転	29
シャドー IT	179
集合	105
集中処理	76
周波数帯	19
主記憶装置	91
出力	78
冗長符号による復元	94
ショート動画	42
新型コロナ	26
シンギュラリティ	197
シンクライアント	173
シングルサインオン	257
人工知能（AI）	194
深層学習	196
信頼される AI	204

す

スイッチ	224
スクラム	128
スクラムマスター	128
スクリプト	113
スクリプト・インジェクション	285
スクリプトファイル	113
スクレイピング	251

スタック	80
スティーブ・ジョブズ	313
ステークホルダー	167
ストーリーボード	187
ストライピング	94
ストリーマー	32
ストリーミング	156
スパムメール	282
スプール	81
スプリント	128
スマートウォッチ	134
スマートグラス	40
スマートシティ	149
スマートタグ	43
スマート農業	59
スループット	233
スレッド	83

せ

脆弱性	274
生成 AI	203
生体情報	256
生体認証	265
セカンドライフ（Second Life）	38
セキュリティ	272
セキュリティ診断サービス	266
セキュリティホール	263
セキュリティマネジメント	254
セキュリティリスク	255
セッション	220
説明可能な AI	204
セマンティック検索	215
セルゲイ・ブリン	316

ゼロクリック詐欺	290	
ゼロデイ攻撃	286	
ゼロトラスト	294	
全球測位衛星システム	54	

そ

総当たり攻撃	289
ソーシャル・エンジニアリング	278
ソーシャルレンディング	57
ソフトウェア化	22

た

大規模言語モデル	201
大規模集積回路	77
タイムラグ	155
ダイヤルアップ接続	174
タグ	247
タスク	84
タスクマネージャー	84

ち

チーフ・インフォメーション・オフィサー	70
チーフ・デジタル・オフィサー	21
チャットボット	252
超広帯域無線通信	43

て

ディープフェイク	202
ディープフェイク・テロリズム	202

ディープラーニング	196
ディザスターリカバリー	267
ディスプレイポート	99
ディセントラランド (Decentraland)	38
ティム・バーナーズ・リー	322
ディレクトリ	88
データウェアハウス	176
データサイエンティスト	198
データセンター	142
データベース	119
データマイニング	17, 312
データレイク (Data Lake)	176
適応学習	64
テキストマイニング	178
敵対的生成ネットワーク	212
デザイン思考	164
デジタル・トランスフォーメーション	20
デジタルディバイド	66
デスクトップ仮想化	175
テスト自動化	123
デバッグ	118
デフォルトゲートウェイ	225
転移学習	207
電子商取引	68
電子証明書	262
電子署名	268
電子認証	269
電子認証登記所	269

と

ドウイン	152
動画生成 AI	217

統計学	198
道路交通法	29
特権 ID 管理	270
ドメイン名	240
トヨタ	71
ドライブレコーダー	53
トラフィック	233
トランザクションデータ	120
トランジスタ数	77
トランスフォーマー	201
トリプルメディア戦略	190
トロイの木馬	286
ドローン	60

に

二段階認証	256
日本産業規格	188
入出力インターフェース	78
入出力装置	78
ニューラルネットワーク	196
入力	78
二要素認証	256
人月	218
認証 cookie	248
認証局	262
認証ログ	130

ね

ネットワーク仮想化	234
ネットワークカメラ	150

の

ノン・コアビジネス	160

は

バーチャル（Virtual）	30
バーチャル試着	47
バイト	102
ハイパーテキスト	246
ハイビジョン	97
ハイブリッド	140
ハイブリッド暗号方式	261
バグ	118
ハッカー	271
ハッキング	278
バックアップ	90
パッシブ方式	136
ハッシュタグ	41
ハッシュ値	268
パッチ	115
バッファ	81
ハブ	224
ハルシネーション	208

ひ

ピープルアナリティクス	61
ピクセル	97
ビジネス・アナリティクス（BA）	177
ビジネスプロセス・アウトソーシング	122
ビジネスメール詐欺	288
ビッグデータ	199
ビット	102

ビデオ通話	150
非武装地帯	259
標的型攻撃	288
ビル・ゲイツ	312
ピンコード方式	228

ふ

ファーストイン・ファーストアウト	80
ファームウェア	110
ファイアウォール	258
ファイル	88
ファイル共有ソフト	250
ファイルサーバー	95
ファインチューニング	207
ファウンデーション・モデル	214
ファシリティ・マネジメント	160
フィックス	218
フィッシング	281
フィンテック	18
フェールセーフ	131
フェールソフト	131
フォード自動車	72
フォールトトレランス	131
フォルダ	88
フォン・ノイマン	318
複合現実	48
複利計算	77
不正アクセス	275
不正アクセス禁止法	275
不正侵入検知	276
不正侵入防御	276
復旧時点	267
物理サーバー	139

踏み台攻撃	286
プラグイン	115
プラスメッセージ	153
フラッシュメモリ	93
プラットフォーム	34
フリーウェア	111
フリマアプリ	68
ブルー	309
ブルートフォース攻撃	289
ブレインストーミング	165
プログラミング教育	27
プログラミング言語	112
プログラミング的な考え方	27
プログラムの実行単位	83
プロジェクトマネジメント	161
プロセス	83
プロダクトオーナー	163
プロダクトマネジメント	162
ブロックチェーン	16
プロトコル	236
プロンプトエンジニアリング	208
分散処理	76
分散バージョン管理	124

へ

ペイドメディア	190
ベストエフォート	221
ヘッドマウント・ディスプレイ	46
ヘルステック	62
変分自己エンコーダ	212

ほ

法整備	268
ポート番号	239
ホームルーター	223
北米標準	168
補助記憶装置	91
ボット	252
ホワイトハッカー	271

ま

マーク・ザッカーバーグ	315
マーケットシェア	87
マイコン家電	110
マイコン制御	110
マイニング	16
マクロ	114
マクロウイルス	114
マスターデータ	120
または	105
マルウェア	279
マルチコア	75
マルチタスク	84
マルチチャネル	191
マルチモーダル・ラーニング	206
マルチモーダル AI	206
マルチラリティ	197

み

みちびき	54
ミラーリング	94

む

ムーアの法則	77
無線 LAN	226

め

メインメモリ	91
メーラー	244
メタバース	38
メタバース・プラットフォーム	38
メルカリ	23

も

元に戻す	80
モニタープログラム	86

ゆ

有機 EL	100
ユニバーサル AI	206
ユニバーサルデザイン	188
ユニモーダル AI	206
ラーニング・アナリティクス	64

ら

ライドシェア	51
ライブラリ	107
楽天	68
ラストイン・ファーストアウト	80
ラリー・ペイジ	317
ランサムウェア	292

り

リードオンリーメモリ	92
リーナス・トーバルズ	325
リグレッション・テスト	123
リスト型攻撃	289
リソース	82
リバース・エンジニアリング	293
リファクタリング	126
リポジトリ	125
リモートアクセス	174
量子重ね合わせ	36
量子計算	36
量子コンピューター	36
量子ビット	36
量子理論	36
リライト	126
リレーショナル・データベース	119

る

ルーター	224
ループウェア	154

れ

レジストリ	89
レジストリ編集ツール	89
レビュー	128
レンタルサーバー	181

ろ

ロギング	130
ログ	130
ログデータ	130
ログファイル	130
ロブロックス（Roblox）	38
ロボティック	22
ロングテール	297
論理演算	105
論理演算子	105

わ

ワーストケース分析	164
ワンクリック詐欺	290
ワンタイムパスワード	257

著者紹介

草野俊彦（くさの としひこ）

東京都生まれ。1986年千葉大学工学部電気工学科卒。同年日本電気株式会社に入社。高度先端基幹通信システムの研究開発に従事し、その間NECアメリカに駐在し北米向けネットワーク管理システム開発リーダー及び、インターネットの前身となるDARPANETを立ち上げた、米国デラウェア大学コンピュータ情報科学科にて客員研究員に在籍。2007年米国系半導体企業に移り、通信機器組込システム開発に従事。2010年イスラエルで、ネットワーク仮想化ソフトウェア開発ベンチャーを起業。その間、約20年にわたり国際機関でのIT技術の標準化に貢献し、米国電気電子学会（IEEE）では標準化小部会の議長を務める。2017年に、プログラミング的思考とプログラミング教育普及のため、みらいアクセス合同会社を設立し同代表。通信システムに関する国内特許20件、米国及び欧州特許13件。IEEE正会員。

本書のご意見、ご感想はこちらからお寄せください。
https://isbn2.sbcr.jp/29113/

- イラスト　　　めんたらこ
- 装丁　　　　　株式会社krran（西垂水 敦）
- 本文デザイン　Isshiki
- 編集　　　　　荻原 尚人
- 組版　　　　　クニメディア株式会社

新入社員、ITに苦手意識を持っている人にも役立つ
見るだけIT用語図鑑300 第2版

2025年 3 月14日　初版第1刷発行
2025年 6 月30日　初版第2刷発行

著　者	草野 俊彦
発行者	出井 貴完
発行所	SBクリエイティブ株式会社 〒105-0001 東京都港区虎ノ門2-2-1 https://www.sbcr.jp/
印刷・製本	株式会社シナノ

落丁本、乱丁本は小社営業部にてお取り替えいたします。
Printed in Japan　ISBN978-4-8156-2911-3